essentials

Essentials liefern aktuelles Wissen in konzentrierter Form. Die Essenz dessen, worauf es als „State-of-the-Art" in der gegenwärtigen Fachdiskussion oder in der Praxis ankommt, komplett mit Zusammenfassung und aktuellen Literaturhinweisen. Essentials informieren schnell, unkompliziert und verständlich

- als Einführung in ein aktuelles Thema aus Ihrem Fachgebiet
- als Einstieg in ein für Sie noch unbekanntes Themenfeld
- als Einblick, um zum Thema mitreden zu können.

Die Bücher in elektronischer und gedruckter Form bringen das Expertenwissen von Springer-Fachautoren kompakt zur Darstellung. Sie sind besonders für die Nutzung als eBook auf Tablet-PCs, eBook-Readern und Smartphones geeignet.

Essentials: Wissensbausteine aus Wirtschaft und Gesellschaft, Medizin, Psychologie und Gesundheitsberufen, Technik und Naturwissenschaften. Von renommierten Autoren der Verlagsmarken Springer Gabler, Springer VS, Springer Medizin, Springer Spektrum, Springer Vieweg und Springer Psychologie.

Gerhard Schweppenhäuser

Designtheorie

Gerhard Schweppenhäuser
Hochschule Würzburg-Schweinfurt,
Fakultät Gestaltung
Würzburg
Deutschland

ISSN 2197-6708 ISSN 2197-6716 (electronic)
essentials
ISBN 978-3-658-12659-9 ISBN 978-3-658-12660-5 (eBook)
DOI 10.1007/978-3-658-12660-5

Die Deutsche Nationalbibliothek verzeichnet diese Publikation in der Deutschen Nationalbibliografie; detaillierte bibliografische Daten sind im Internet über http://dnb.d-nb.de abrufbar.

Springer VS

Gedruckt auf säurefreiem und chlorfrei gebleichtem Papier

Springer Fachmedien Wiesbaden GmbH ist Teil der Fachverlagsgruppe Springer Science+Business Media (www.springer.com)

Was Sie in diesem Essential finden können

- Eine ideengeschichtliche Erkundung des modernen Konzepts von Design.
- Eine sozialkritische Ergründung des ambivalenten Gehalts von Design.
- Eine philosophische Unterscheidung zwischen dem engen und dem erweiterten Designbegriff.
- Eine Positions- und Kursbestimmung für zukunftsfähiges Design.

Einleitung

Das 20. Jahrhundert war das Jahrhundert des Designs und der Kommunikation.

„Design“ hat sich im Laufe des 19. Jahrhunderts als vieldeutiges sozialgestalterisches Konzept der europäischen und nordamerikanischen Kultur herausgebildet. Es machte sozialutopische Ideen anschaulich und verlieh der Welt gleichzeitig das widersprüchliche Gesicht des Industriekapitalismus. Darin vermischen sich – vom Industriezeitalter bis in die Postmoderne unserer Tage – Wohlgestalt, Üppigkeit, Attraktivität, Funktionalität, Humanität und bildhafte Erzählung mit abstoßender Hässlichkeit, Überfülle, Kälte, Unverbindlichkeit und Frivolität.

Grundzüge dieser paradoxen Entwicklung lassen sich an markanten Stationen im deutschen Sprach- und Kulturraum rekapitulieren. Im *Werkbund*, sieben Jahre vor Beginn des Ersten Weltkriegs gegründet, herrschte eine von der britischen *Arts-and-Crafts*-Bewegung inspirierte Überzeugung: Die industrielle Welt muss verbessert werden, und das kann nur gelingen, wenn die Lebenswelt verschönert und vernunftgemäß gestaltet wird. Das Leitbild des *Bauhauses*, kurz nach dem Ersten Weltkrieg als Lehranstalt eröffnet, war der philosophischen Vorstellung einer Einheit der Ideen vom Wahren, Schönen und Guten verpflichtet. Auch hier wirkten britisch inspirierte, mitunter nostalgische Ideen ganzheitlicher Produktions- und Bauweisen im Geiste der Gotik. Nachdem die Nationalsozialisten im Thüringer Parlament den Reformern das Wasser abgegraben hatten, zog das Bauhaus von Weimar nach Dessau im sozialdemokratischen Sachsen-Anhalt, wo Innovationen gefördert wurden. Dort trennte sich die Bauhaus-Ästhetik von ihren expressionistischen Anfängen. Der Platonismus des Wahren, Schönen und Guten wurde mit einer sozialethischen Utopie des technisch, wissenschaftlich und gestalterisch optimierten Zusammenlebens verkoppelt.

Die Vision einer Entwurfs-Synthese aus Ästhetik, Metaphysik, Erkenntnistheorie und Ethik lebte nach dem Zweiten Weltkrieg in der Bundesrepublik weiter. In der Ulmer *Hochschule für Gestaltung* ging man von einer Wechselwirkung zwischen wissenschaftlich fundierter Gestaltung der Dinge und Zeichen des Alltags und einer Politik praktizierter Menschenwürde aus (Mareis 2011, S. 109 ff.). Heute hat man das Ulmer Programm des wissenschaftlich kontrollierten Entwerfens zu den Akten gelegt. Wissenschaft wurde in Ulm auf *Natur*wissenschaft reduziert, und das war nicht frei von zwanghaften, technokratischen Zügen. Doch deshalb sind die wissenschaftlich-philosophischen Spurenelemente im Design keineswegs verloren gegangen. Designer beanspruchen heute nach wie vor, dass sie nicht bloß für das Schöne und Attraktive zuständig sind. Sie melden ihre Kompetenz für das Nützliche und Effiziente an, und gleichermaßen auch für das Richtige und Gute: von der Gestaltung von Gebrauchsgegenständen bis hin zum Entwurf von Lebensräumen und -formen.

Durchaus zu Recht. Design ist Gestaltung der Freiheit und der Notwendigkeit, der Arbeit und der Muße, der Reproduktion und der Kreativität. Design ist sowohl Entwurf für den bestehenden Bedarf als auch Entwurf eines noch gar nicht Seienden. Es ist – im Sinne von Ernst Bloch (1923, S. 28 f.) – ein „Vorspiel", ein „Wachtraum", in dem der Blick hin „zu einer anderen Welt" gerichtet ist. Bei Bloch ist das im Horizont einer konkreten sozialen Utopie gedacht. Sie begleitet die Menschheitsentwicklung wie eine humane, soziokulturelle Unterströmung, wie eine Tendenz zur Befreiung.

Medium jeglicher Entwurfstätigkeit ist die Imagination, die Vorstellungskraft. Nicht alles, was sich Designer vorstellen können, lässt sich zu ihrer Zeit auch herstellen; man denke nur an Leonardo da Vincis berühmte Entwürfe für Flugmaschinen. Die Diskrepanz zwischen Vorstellungs- und Herstellungsvermögen ist produktiv und zukunftsweisend. Doch das Verhältnis zwischen Herstellungs- und Vorstellungsvermögen hat sich verschoben. Wir können weit mehr herstellen, als wir uns vorstellen können. Immerfort werden neue, unerhörte Geräte und Maschinen produziert, denen wir uns anpassen müssen. Wir müssen ihnen folgen, können sie aber nicht verstehen und beherrschen. Diesen Zustand hat der Philosoph Günther Anders (1956, S. 17 f.) durch ein Paradox gekennzeichnet. Er meinte, „daß wir, die wir diese Produkte herstellen, drauf und dran sind, eine Welt zu etablieren, mit der Schritt zu halten wir unfähig sind"; eine Welt, die über „die Kapazität sowohl unserer Phantasie wie unserer Emotionen wie unserer Verantwortung" weit hinausgeht.

Um den Zusammenhang zwischen *Herstellen* und verantwortlichem *Handeln* zu verstehen, muss die philosophische Besinnung an dieser Stelle noch etwas weiter ausholen. Aristoteles (Nik. Ethik, 1140 a) hat zwei Arten menschlicher Tätigkeit unterschieden: die ποίησις (*poiesis*) und die πράξις (*praxis*). Mit *poiesis* ist das herstellende, produktive Arbeiten gemeint. *Praxis* steht in erster Linie für das gemeinsame Handeln; es kann strategische Ziele verfolgen oder auf Verständigung und Konsens ausgerichtet sein. *Praxis* steht freilich auch für den „besorgenden Umgang" mit den Dingen (Heidegger 1927, S. 68). Aristoteles unterschied das *Weshalb* und das *Wozu* des Herstellens und des Tuns. Das *Weshalb* eines Dinges verweist auf die Notwendigkeit, also darauf, dass wir es brauchen (im Sinne von benötigen). Das *Wozu* eines Dinges ist das Ziel und der Zweck, den wir mit seinem Gebrauch verfolgen. Die Dinge sind stets auch Zeichen. Martin Heidgegger (der akademische Lehrer von Günther Anders) vermerkte, dass das Ding auf seinen Verwendungszweck *verweist* wie das Werkzeug auf das herzustellende Werk. Es verweist auch auf die Stoffe und Materialien, die bei seinem Gebrauch verwendet werden. Und auch auf deren Grundlage: „Im gebrauchten Zeug ist durch den Gebrauch die ‚Natur' mitentdeckt, die ‚Natur' im Lichte der Naturprodukte" (S. 70). Aber das ist noch nicht alles. Denn das „hergestellte Werk verweist", so betont Heidgegger, immer auch „auf den Träger und Benutzer" (ebd.). Das gilt für das Handwerk und für die industrielle Massenproduktion. Daher können wir mit Heidegger folgern: Designprodukte erschließen über ihre „Verweisungsmannigfaltigkeit" (S. 68) Dimensionen der „*öffentlichen Welt*" (S. 70) für die Benutzer, in der ihr soziales Handeln stattfindet.

Öffentlichkeit als Handlungsraum – das ist eines der sozialen Schlüsselkonzepte des 20. Jahrhunderts. Bazon Brock, Aktionskünstler und bis 2001 Professor für Ästhetik und Kulturvermittlung, war in den 1970er Jahren maßgeblich an der Arbeit des Internationalen Designzentrums (IDZ) in Westberlin beteiligt. Er hat in diesem Zusammenhang vom „Sozio-Design"[1] gesprochen und festgestellt: „Der Begriff Design muß eine Erweiterung erfahren. Wo bisher Design in erster Linie die Gestaltung von Industrieprodukten meinte, sollte hinkünftig unter Design auch Gestaltung von Lebensformen, Werthaltungen, sprachlichem Gestus bestimmbar sein." (Brock 1977, S. 446).

Mit Hilfe gestalteter Dinge gestalten Menschen ihre (selbst nicht dinglichen) sozialen Beziehungen. Sie verwenden jene Dinge als Gegenstände, mit denen sie etwas gemeinsam tun oder die sie kontemplativ betrachten. Und sie verwenden sie als Zeichen, über sie die Welt deuten und mit denen sie versuchen, sich miteinan-

[1] Brock 1977, S. 441. – „Sozio-Design" kann sowohl vorgefertigt und fremdbestimmt sein als auch innovativ und selbstbestimmt – meistens handelt es sich wohl um eine (bisweilen trübe) Mischung aus beidem. Brock zufolge sind „Lebensformen" grundsätzlich „Orientierungsmuster in der sozialen Wirklichkeit". Häufig sind sie „vorgegeben" und *inszeniert*, aber oft sind sie eben auch „Ausdruck bewusster und zielausgerichteter Organisation durch den Betroffenen selber" (Brock 1977, S. 443) – mithin, in Brocks Terminologie, *organisiert*. Gemeint sind damit Lebensformen, die von den Menschen autonom und reflexiv entwickelt werden.

der und über sich selbst zu verständigen. Vom Artefakt, dem dinghaften Designobjekt, führt ein direkter Weg zum Interface, der Schnittstelle zwischen Maschine und Mensch. Dieser Weg führt weiter zur intermedialen Vernetzung – zu jener Form, die unsere Arbeit, Interaktion und Selbstverständigung in der Gegenwart angenommen hat.

Postmoderne Auffassungen von Design beschwören bewahrende Kräfte anstelle von verändernden. Das Konservative bekommt höheren Rang als das Innovative. Diese Auffassung vertritt beispielsweise der von Heidegger inspirierte Sozialwissenschaftler Bruno Latour (2009, S. 361): „Bindung“ ist wichtiger als „Emanzipation“, Pflege wichtiger als Erneuerung, und Design ist zu wesentlichen Teilen „immer etwas Abhelfendes“ – eine „nachfolgende Aufgabe“, die darin besteht, etwas, „das bereits da war“, „lebendiger, kommerzieller, verwendbarer, benutzerfreundlicher, annehmbarer, nachhaltiger […] zu machen“ (ebd.). Latour fasst diesen Gedanken in der These zusammen: „ich möchte behaupten, dass Design einer der Begriffe ist, die das Wort ‚Revolution‘ ersetzt haben!“ (S. 358).

Wie dem auch sei: Wenn das 20. Jahrhundert das Jahrhundert von Design und Kommunikation war, so ist das 21. Jahrhundert das der immateriellen Vernetzung. Doch diese ist selbst wiederum im weitesten Sinne ein Designprodukt. Denn sie ist durch dingliche Trägermedien vermittelt und dient der Kommunikation. Das Jahrhundert des Designs ist also noch lange nicht vorüber. Daher sind wir gut beraten, uns darüber Klarheit zu verschaffen, was Design ist. Das ist leichter gesagt als getan; nicht zuletzt, weil es ja nicht nur *ein* Design gibt.

Inhaltsverzeichnis

Design und Geschichte 1

Die Frage nach der Herkunft des Wortes „Design" führt zurück in die Renaissance. Es geht auf das lateinische *designare* zurück, das im Italienischen zu *disegnare* wurde. Die ursprüngliche Bedeutung von *designare* war „bezeichnen", die erweiterte Bedeutung der Worte *designare* und *disegnare* ist „entwerfen". Zunächst verstand man unter dem Entwerfen eine im allgemeinen Sinne schöpferische Tätigkeit. Ab dem 15. Jahrhundert wurde die Bedeutung spezieller: eine Vorlage liefern, nach der dann im nächsten Schritt etwas hergestellt werden kann. Planung und Fertigung traten auseinander. Damit wurde bereits die moderne Arbeitsteilung vorweggenommen. Auf der Grundlage eines einzigen Plans konnten virtuell unendlich viele Dinge gefertigt werden.[1] Eine neue Form der Werkstattorganisation begann. Denn nun konnten viele Handwerker anhand einer Skizze die Ausführung koordinieren. Und vor allem konnten Künstler den kirchlichen und weltlichen Herren, von deren Aufträgen sie lebten, ihre Ideen anschaulich und überzeugend vorlegen.[2]

Mitunter wandten sie sich aber auch damals schon dem sogenannten einfachen Volk zu. Dessen Bedarf an ästhetischen Gebrauchsgegenständen sollte in den kommenden Jahrhunderten zum entscheidenden Absatzfaktor werden. Zu Michelangelos Zeiten konnte davon noch keine Rede sein. Dennoch war dieser große Meister fasziniert von der populären Rezeption der bildenden Kunst. Giorgio Vasari (1550, S. 567) berichtet, Michelangelo habe den „Dutzendmaler Menighella aus Valdarno" unterstützt. Er beschreibt ihn als einen „dummen, aber sehr drolligen Kerl, der

[1] „[D]er Entwurf trennt sich von der Herstellung und kann später und/oder woanders wiederverwendet werden." (Hirdina 2001, S. 41).

[2] Disegno ermöglichte den Vergleich der „Inspiration des Künstlers […] mit der Inspiration des Dichters. Und es ermöglichte die „Kommunikation mit den Auftragsgebern, den Kardinälen und Fürsten." (Burioni o. J., S. 7 – Siehe dazu die maßgebliche Studie von Kemp [1974]).

G. Schweppenhäuser, *Designtheorie*, essentials,
DOI 10.1007/978-3-658-12660-5_1

bisweilen zu Michelangelo kam, damit er ihm die Zeichnung zu einem heiligen Rochus oder einem heiligen Antonius mache, die er dann für die Bauern malte; und Michelangelo, der nur schwer zu bewegen war, für Könige und Fürsten zu arbeiten, liess alles stehen und liegen und verfertigte ihm eine Zeichnung". Es blieb aber nicht bei Entwürfen für Gemälde. „Unter anderem bekam er von Michelangelo ein sehr schönes Modell zu einem Kruzifix", lesen wir weiter bei Vasari: „davon machte er eine Gussform und fabrizierte so aus einer Papiermasse Kruzifixe in großer Zahl, die er auf dem Lande verkaufen ging." (Ebd.)

Die historischen, sozialen und kulturellen Entstehungsbedingungen von Design im heutigen Sinne konsolidierten sich Jahrhunderte später: in der Zeit der Industrialisierung, der beginnenden Moderne. Die gesellschaftliche Arbeitsteilung zeitigte Folgen und Begleiterscheinungen, die von Beobachtern und Beteiligten positiv und negativ bewertet wurden: Differenzierung, Spezialisierung und Verfeinerung – oder aber Zersplitterung, Überschwemmung durch Wissen und Produkte sowie Entfremdung der Produzenten von ihren Produkten. Als Paradigma dieser soziokulturellen Gewinn- und Verlustrechnung kann der Befund des Dichters und Philosophen Friedrich Schiller gelten. Ausdifferenzierte Arbeitsteilung und ihr wissenschaftlicher Überbau bewirken ihm zufolge, dass die Menschen mit ihren Fähigkeiten und Fertigkeiten fragmentiert und isoliert werden: „der Genuß wurde von der Arbeit, das Mittel vom Zweck, die Anstrengung von der Belohnung geschieden. Ewig nur an ein einzelnes kleines Bruchstück des Ganzen gefesselt, bildet sich der Mensch selbst nur als Bruchstück aus, ewig nur das eintönige Geräusch des Rades, das er umtreibt, im Ohre, entwickelt er nie die Harmonie seines Wesens, und anstatt die Menschheit in seiner Natur auszuprägen, wird er bloß zum einem Abdruck seines Geschäfts, seiner Wissenschaft." (Schiller 1801, S. 455)

Lassen wir kurz die industrielle Revolution am Ende des 18. und im Laufe des 19. Jahrhunderts Revue passieren. Erfindung der Dampfmaschine, Mechanisierung von Tätigkeiten, die zuvor handwerklich waren (man denke an mechanische Webstühle) und radikalisierte Arbeitsteilung in einem professionalisierten und urbanisierten Umfeld – all das führte dazu, dass die handwerkliche Einheit von Entwurf und Herstellung immer weiter auseinander fiel. Trennung von Kopf- und Maschinenarbeit hieß konkret, dass Gegenstände durch „Entwurfszeichner", „Mustermacher" oder „Musterzeichner" (Morris 1879, S. 56; Selle 1994, S. 109 ff u.; Schneider 2005, S. 16–24) entworfen wurden. Einige von ihnen waren in Zeichen- und Kunstschulen ausgebildet worden. Arbeiter fertigten die Gegenstände sodann in Serienproduktion, was wiederum zur Standardisierung führte.

Die Rahmenbedingungen für all das wurden vom neuen Prinzip des kapitalistischen Wirtschaftens geliefert. Anders als in der feudalen Produktionsweise des Mittelalters oder der „asiatischen Produktionsweise", diente die Güterproduktion nicht mehr primär dem Zweck der Befriedigung von unmittelbaren Bedürfnissen. Ziel war die Profitmaximierung als solche. Kapital wurde in die Produktion von Gütern investiert, die als Waren verkauft werden müssen. Der erzielte Gewinn wurde nicht „verprasst", sondern zum großen Teil reinvestiert. So konnten mehr Waren zu geringeren Herstellungskosten produziert werden. Das Ziel besteht bis heute darin, das investierte Kapital rentabel zu vermehren. Dies erheischt mehr Maschinen und weniger lebendige Arbeitskraft bei möglichst niedrigen Löhnen. Zudem muss auch die Konkurrenz ausgeschaltet und womöglich eine Monopolstellung für die eigenen Produkte erreicht werden.

Zunächst einmal führt diese Wirtschaftsweise – mit ihrem „Wettbewerb im Kaufen und Verkaufen, der fälschlicherweise Handel genannt wird" (Morris 1879, S. 67) – aber zum Aufblühen der Konkurrenz. Sie entfaltete sich spätestens seit dem 19. Jahrhundert national und international. Der Wettbewerb der nationalen Entwurfseliten setzte sich mit der ersten Weltausstellung in London 1851 ein populäres Denkmal. Die nächste fand1855 in Paris statt; bald folgten Wien, Philadelphia, Melbourne, Barcelona, Chicago und St. Louis. 1970 war Tokyo Ort einer Weltausstellung, 2000 Hannover, 2010 Shanghai und 2015 Mailand. Aus der Sicht der nationalen Ökonomien wurde es seit dem Ende des 19. Jahrhunderts immer wichtiger, wettbewerbsfähige Waren für den täglichen Verbrauch zu entwerfen und zu produzieren. Industrie und Gewerbe setzten politische Reformen durch, um akademische Ausbildung und Präsentationskultur zu optimieren; so wollte man die eigenen Marktpositionen behaupten und ausbauen (Schneider 2005, S. 16 f.). Die wissenschaftlichen und technischen Voraussetzungen der Güterproduktion gerieten immer präziser in den Blick. Technologische Innovationsschübe kamen hinzu, zum Beispiel dic Mechanisierung des Maschinenbaus. Ein wesentliches Merkmal des neuen Ausstellungsdesigns wurde nun die „Betonung des Visuellen" (Selle 1994, S. 62). Die technisch innovative Gaslicht-Beleuchtung jener Zeit beförderte eine Konzentration auf die Sichtbarkeit; dadurch wurde sie Schrittmacherin der Warenästhetik. „Die visuelle Zentriertheit erlaubt das Hervorheben des Gegenstands als Ware und aller Produkte als Warensammlung." (ebd.)

Im Zuge der Vermarktung industriell produzierter Waren gewann das *graphic design* an Bedeutung. Neben Gebrauch, praktischer Funktionalität, Verständlichkeit und Nutzen wurde die Ästhetik immer wichtiger. Denn Erscheinungsweise, Ausdruck und Attraktivität – kurz: symbolisch vermittelter Genuss – konnte zum ausschlaggebenden Faktor für den Erwerb eines industriell gefertigten Produkts werden.

Design hat soziale und kulturelle Implikationen, weil es stets auch Gestaltung von *Lebensformen* ist. Das war im 19. Jahrhundert nicht mehr zu verkennen. Nachdenken über Design ist seither durch den Wunsch gekennzeichnet, die Zersplitterung durch Arbeitsteilung mit Hilfe integraler Gestaltung wieder aufzuheben. Der *Entwurf* sollte disparate Teile zu einem sinnerfüllten Ganzen zusammenfügen. So dachte William Morris, der große Designreformer des 19. Jahrhunderts. Design war für ihn letztlich dazu da, arbeitenden Menschen Befriedigung und Freude bei kunst- und -phantasievoller Qualitätsarbeit zu vermitteln. Es sollte die Menschheit in ihrer seelischen und somatischen Entwicklung unterstützen. Das sei indessen nur durch die Überwindung des Klassenantagonismus zu erreichen. Es dürfe also „keine erniedrigten Klassen mehr" geben, „denen man die Schmutzarbeit aufbürden kann" (Morris 1879, S. 53). Alle Menschen sollten frei, gleich und solidarisch „inmitten schöner Dinge" leben (S. 60; siehe Morris 1877, S. 41 f.).

Der Spagat zwischen sozialen und wirtschaftlichen Anforderungen begleitet das Design bis heute. Rund achtzig Jahre nach Morris wurde er in der Designausbildung der Ulmer Schule zur Zerreißprobe. Sie war immer noch lebensreformerisch angelegt – nicht primär künstlerisch, sondern politisch, genauer gesagt: demokratisch. Doch man kam eben nicht darum herum, „das Verwertungsinteresse der Industrie am Design" (Mareis 2011, S. 113) anzuerkennen und ihm in den Lehrplänen Rechnung zu tragen.

Im Zuge der politischen und kulturellen „Westbindung" der BRD war das auch ein Resultat der wachsenden Bedeutung, die das Design in den USA seit den 1940er Jahren erlangt hatte. Die Phase der US-Ökonomie, die sich nach dem Zweiten Weltkrieg international ausbreitete, wird als „Fordismus" bezeichnet. Industrielle Massenproduktion erforderte massenhaften Kauf und Konsum der produzierten Waren. Dies wiederum setzte eine erhöhte Kaufkraft der Bevölkerungsmassen voraus. Zwischen den Weltkriegen konsolidierte sich in den westlichen Industriestaaten ein Trend zur Vollbeschäftigung. Sie wurde durch eine massenkulturelle Einstimmung auf konsumistische Lebensstile flankiert. Dieser Trend hielt noch längere Zeit nach dem Zweiten Weltkrieg an. Sein lebensweltliches Erscheinungsbild stand im Zeichen stromlinienförmigen Designs. Es zitiert die funktionalen Formen der Natur und transformiert sie in symbolisch-ästhetische Formen. *Industrial designers* wie der legendäre Norman Bel Geddes gestalteten innovative Erscheinungen. Bedeutende Grafikdesigner wie Raymond Loewy inszenierten deren reale und virtuelle Umgebungen (Buchholz 2012, S. 203). Beides bringt Menschen zum Träumen und stachelt ihr Begehren an.

Grafikdesign kam von der Illustration her. Im Zuge der Entwicklung der industriellen Massenkultur traten die illustrativen, das heißt: begleitenden und ergänzenden, Funktionen grafischer Gestaltung zurück. In den Vordergrund traten zunächst Strategien der Aufmerksamkeitserzeugung. Grafikdesign sollte erreichen, dass Menschen sich einem Produkt zuwenden. Später ging es Grafikdesignern zunehmend auch um Formen, welche die kommunizierten Inhalte klarer verständlich machen – insbesondere die kulturellen und sozialen. Das großformatige, in hoher Auflage gedruckte Plakat wurde im Laufe des 19. Jahrhunderts zum wichtigsten Massenkommunikations- und Werbemittel. Im Jugendstil wurden innovative Schriftformen entwickelt, und als „Plakatstil" bezeichnete man alsbald ein reduktionistisches, farbflächiges Illustrationsdesign. Der Aufbau des Bildes wurde simplifiziert, ebenso die Abbildung des Produkts oder die Visualisierung des kulturellen oder politischen Inhalts. Das Zusammenspiel intensiver Farben und grafisch markanter Firmenschriftzüge erleichterten die Wahrnehmbarkeit in verkehrsreichen Großstädten (Schneider 2005, S. 80).

Die Erscheinungsweisen der Produkte selbst und ihre Abbildung in einem phantasmagorischen Kontext, der den Sehnsuchtsblick der Käufer schärfen soll, verschmolz zur Warenästhetik. An die Stelle des Gebrauchswerts trat bereits im Hochkapitalismus das *Bild* des Gebrauchswerts. Das Bild „löst sich jetzt ab vom Warenleib, dessen Aufmachung sich in der Verpackung steigert und von der Werbung überregional verbreitet wird" (Haug 2009, S. 41). Gehandelt werden nicht mehr in erster Linie Dinge mit Gebrauchswerten, sondern ästhetisch generierte „Gebrauchswertversprechungen" (S. 42).

Heute wollen Grafikdesigner mehr, als nur Aufmerksamkeit für Waren zu erzeugen. Und nicht wenige Industriedesigner wollen mehr, als bloß dabei helfen, industrielle Waren herzustellen. Sie gehen davon aus, dass es gilt, „die Technik zu humanisieren" (Bonsiepe 1996, S. 133). Zu diesem Trend gehört auch die neue, postmoderne „Aufmerksamkeit für Bedeutung" und für die „Interpretation" der Dinge sowie für die „Sprache der Zeichen" (Latour 2009, S. 360). Sie wurde durch eine Hermeneutisierung und Semiotisierung der gesamten Objektwelt unseres Alltags möglich, also letztlich durch die „Transformation von Objekten in Zeichen" (ebd.). Doch es soll nicht bei der lediglich zeichenhaften Veränderung bleiben. Auch die sozialstrukturelle Realität gelte es zu transformieren. Der Philosoph Wolfgang Fritz Haug (2009) plädiert für eine besondere Gestaltungsaufgabe: Unsere gesellschaftliche Daseinsform sei so zu gestalten, dass die Welt zur Heimat wird. Das betrifft die Neugestaltung von Arbeitsprozessen, die Humanisierung der Natur und die Naturalisierung des Menschen – im Sinne einer „Auflösung des Widerstreits zwischen dem Menschen mit der Natur und mit dem Menschen" (Marx 1844, S. 536).

Design und Gestaltung

2

Es gibt nicht nur *ein* Design, hatten wir gesagt. Daher ist es auch kein Zufall, dass es zahlreiche sinnvolle Wortäquivalente für „Design" gibt. Im Umlauf sind unter anderem „Gestaltung", „Entwurf" und „angewandte Kunst". Mit letzterem ist Kunst gemeint, die durch äußere Zwecke bestimmt wird und nicht nur einem autonomen Formgesetz verpflichtet ist oder der Ausdrucksintention der Künstler.

Wie ist dieses komplexe Wortfeld entstanden? In der zweiten Hälfte des 19. Jahrhunderts suchte man nach Begriffen, die beschreiben, wie Kunst sich nützlich macht, aber nicht vollends profanisiert wird. Gottfried Semper, der große Baumeister und Theoretiker, Sympathisant der bürgerlichen Revolutionen im Europa des 19. Jahrhunderts, unterschied die „freien" oder „schönen" von den „technischen Künsten". „Kunsthandwerk" war in dieser Zeit ein gängiger Begriff. Doch damals begann, wie gesagt, der Siegeszug der Industrialisierung. Es ist interessant, in diesem Zusammenhang einen Blick auf die akademische Ausbildung von Designern zu werfen (Buchholz und Theinert 2007). Gesucht wurden seinerzeit Konzepte für Produkte, die nicht mehr kunsthandwerklich gestaltet waren, aber auch nicht einfach nur technisch-instrumentellen Charakter hatten. Zu Beginn des 20. Jahrhunderts sprach man dann von „angewandter Kunst", beispielsweise in den *Großherzoglichen Lehr-Ateliers für angewandte Kunst*, die 1907 auf der Mathildenhöhe in Darmstadt eröffnet wurden. In den 1950er Jahren war „Werkkunst" der zeitgemäße Begriff. Aber das hielt auch nicht lange vor. So wurde zum Beispiel aus der *Werkkunstschule der Stadt Würzburg* 1971 die *Fakultät Gestaltung* der dort neu gegründeten Fachhochschule.

„Gestaltung" ist ein Begriff, der aus der Tradition der klassischen deutschen Philosophie und Dichtung stammt. Er ist semantisch mit „Bildung" verwandt. Gebilde und Gestalten sind sozusagen Formatierungen von Ideen. Man stellte sie sich

G. Schweppenhäuser, *Designtheorie*, essentials,
DOI 10.1007/978-3-658-12660-5_2

als Produkte der Schöpferkraft Gottes[1], der Natur oder des genialen, gottähnlichen Künstlers vor. In Gebilden und Gestalten sind Möglichkeiten verwirklicht. Sie können bereits als *materielle* Disposition in der Natur des Objekts angelegt sein und sich nach und nach zur Endgestalt entwickeln. Sie können aber auch als *mentale* Disposition angelegt sein, also als Entwurf im Kopf des Gestalters, dessen Ausführung dann mehr oder weniger gut gelingt. Dabei kann akademische Bildung Hilfestellung geben. Paul Klee (1921/1922) schrieb in seiner Zeit als Weimarer Bauhaus-Meister dazu: „Die Lehre von der Gestaltung befaßt sich mit den Wegen, die zur Gestalt (bzw. zur Form) führen. [...] Gestalt ist [...] eine Form mit zugrundeliegenden lebendigen Funktionen. [...] Jede Äußerung der Funktion muß zwingend begründet sein."

In der *Gestalttheorie* wurde das philosophische Konzept des Gestaltens oder des Gestaltetseins in die psychologische Wahrnehmungslehre übersetzt. Die „gute Gestalt" ist dort ein Ausdruck für die markante Form eines Objekts, durch das es sich von seiner Umgebung abhebt und klar erkennbar wird. Oder besser gesagt: ein Ausdruck für den Schematismus in unseren Köpfen, der die Welt aufteilt: beispielsweise in Figur(en) im Vordergrund vor einem Hintergrund, oder in gleichartige Gruppen, oder in heterogene Gruppen von Elementen, die sich nahe beieinander befinden. Der Ausdruck „Gestalt" repräsentiert also den Schematismus, der die Erscheinungen für uns ordnet und somit beherrschbar macht.[2]

Neben „Gestaltung" war auch „industrielle Formgebung" ein geläufiger Begriff. Als Äquivalent für *industrial design* umschreibt er vieles von dem, was wir heute unter „Design" verstehen. Das Standardwerk *Pioneers of Modern Design* von Nikolaus Pevsner aus dem Jahre 1936 erschien in den 1950er Jahren auf Deutsch unter dem Titel *Wegbereiter moderner Formgebung.* Gern sprach man auch noch von „industrieller Produktgestaltung".

Inzwischen sind diese Termini weniger verbreitet. Seit den 1970er Jahren, stellt der Schweizer Designwissenschaftler Beat Schneider (2005, S. 196) fest, „setzte

[1] Eine Karikatur dieser Auffassung wird, allerdings in vollem Ernst, heutzutage noch von den Kreationisten verfochten: eine kleine Schar christlicher Fundamentalisten, die sich weigert, die wissenschaftlich gesicherten Erkenntnisse der Evolutionstheorie anzuerkennen und behauptet, das Universum könne nur das Ergebnis der kreativen Entwurfsarbeit eines „intelligenten Designers" sein.

[2] Siehe dazu Arnheim 1972. – Die Grundannahme geht mittelbar auf Immanuel Kants (1787, B 176–178) Theorie vom „Schematismus der reinen Verstandesbegriffe" zurück. Sie beleuchtet jenes Zwischenreich, das abstrakte Begriffe und innere Vorstellungsbilder in unserem mentalen Apparat bilden. Heute geht man davon aus, dass es sich bei der „Gestaltwahrnehmung" teils um biologisch-neuronale *patterns* menschlicher Welterschließung handelt und teils um erlernte Schemata, die sich historisch und kulturell ändern können. Siehe zur neueren Rezeption der Gestalttheorie im interdisziplinären Kontext Bürdek 2002.

sich ‚Design' auch im deutschsprachigen Raum endgültig durch". Eine Ausnahme war die DDR. Dort versuchte man, den „kapitalistischen" Begriff zu vermeiden und sprach bis in die 1980er Jahre von „industrieller Formgestaltung". Für diesen Sektor gab es in Berlin (Ost) ein eigenes staatliches Amt. Dort wurde das wissenschaftliche Designperiodikum der DDR namens *Form + Zweck. Fachzeitschrift für industrielle Formgestaltung* herausgegeben.[3]

Im Laufe der Zeit hat sich der Begriff „Design" auch in der zweidimensionalen Welt etabliert. Das heißt, auch für „den Entwurf und die Fertigung grafischer Produkte" – ein Bereich, wo zuvor von „Gebrauchsgrafik" oder „Werbegrafik" bzw. „Reklamegrafik" die Rede gewesen war und der seit den 1970er Jahren als „Grafikdesign" bezeichnet wurde (Schneider 2005, S. 196). Auch hier hatte der Designbegriff einen verhältnismäßig weiten Umfang. Die zweckorientierte Verbindung von Zeichnung und Typografie „konstruiert die Lesbarkeit der Welt", fasste der Kybernetiker Abraham Moles (1989, S. 11) zusammen.

Für das Gebiet des Grafikdesigns hat sich seit den 1970er Jahren allmählich der Ausdruck „visuelle Kommunikation" eingebürgert, der freilich für ein größeres Feld steht. Es ging programmatisch darum, das Tätigkeitsfeld vom herkömmlichen Verständnis des Grafikdesigns abzugrenzen. Dieses war in erster Linie als angewandte Kunst verstanden worden. Es wurde in einem Feld verortet, auf dem Illustration, Dekoration und Reklame zu Hause waren. Nun wollte man sich vom bildungsbürgerlichen Kunstverständnis abgrenzen und den sozialen Auftrag kommunikativer Prozesse akzentuieren. Neben traditioneller Grafik und Typografie waren daher auch neue Formen der bildlichen Mitteilung zu würdigen, also Fotografie, Film und Fernsehen. Sie wurden in eben dem Maße als sozial authentisch bewertet, in dem sie sich vom überlieferten Verständnis der Bildkunst abgrenzten. „Visuelle Kommunikation": In den Augen von Otl Aicher, dem spiritus rector der HfG Ulm, stand dieses Konzept für die anschauliche Kritik an „nationalstaat, militarismus und ökonomische[r] herrschaft" und für den „protest gegen kunst als selbstgenuß und intellektuellen narzißmus" (Aicher 1989, S. 9).

Mittlerweile sind die kämpferischen, sozialkritischen Konnotationen in den Hintergrund getreten. Stattdessen hat sich die Bezeichnung „Kommunikationsdesign" eingebürgert. Diese Umbenennung trägt auch der Ausweitung der neuen audiovisuellen Medien Rechnung, dem bevorzugten Arbeitsfeld von Kommunikationsdesignern.

Generell kann man sagen, dass die Zuständigkeit von „Design" zunächst im dreidimensional-gegenständlichen Produktbereich lag. Dann ging sie in den zweidimensionalen Mitteilungs- und Kommunikationsbereich über. Mittlerweile reicht

[3] Es enthält übrigens viele Beiträge, die heute noch lesenwert sind.

sie bis in den Bereich des Immateriellen: „Waren es früher nur die Formen greifbarer Dinge, so sind es heute Computerprogramme, Abläufe, Organisationsformen und Dienstleistungen, Erscheinungsformen von Firmen (Corporate Design) oder Personen, die es zu gestalten gilt.“ (Schneider 2005, S. 196 f.)

Seit den 1980er Jahren ist allmählich, gleichsam von den Rändern her, ein erweiterter Designbegriff ins Gespräch gekommen. Gestaltung wird als soziale Praxis verstanden. Dann geht es nicht um Dinge oder Artefakte, die man entwirft und produziert, sondern um das Entwerfen und Gestalten von *Beziehungen*, *Kommunikationsräumen* und *Kommunikationsformen*. „Heute ist das Design eine Art zu dialogisieren, sich selbst und seine Umwelt darzustellen, damit man mit den anderen in Konkurrenz oder in Kommunikation treten kann“, schrieb Lucius Burckhardt (1995, S. 107), ein seit den 1970er Jahren vielbeachteter Vertreter einer ökologisch orientierten Designtheorie. Hier wird „Design“ nicht bloß produktorientiert verstanden, sondern vor allem *handlungsorientiert* (siehe Mareis 2011). Oder, mit den Worten des Designhistorikers Gert Selle (2007, S. 11): „Einerseits dient der Begriff Design noch immer zur Bezeichnung des Entwurfs und der realisierten Gestalt von Industrieprodukten. Andererseits ist seine Erweiterung in Dimensionen des Unsichtbaren erforderlich. Denn es geht auch um historische Strategien der leiblichen, psychischen und mentalen Formierung, das heißt des Entwurfs am Menschen.“[4]

Wie gesagt: Die Frage „Was ist Design“ ist leicht gestellt, aber schwer zu beantworten. Statt „Was *ist* Design?“ sollte man vielleicht besser folgende Grundfragen stellen: Was *will* Design? Was *kann* Design? Was *soll* Design?

Sinnvoll wäre auch ein Ansatz mit folgenden Fragen: *Warum* wird „designed“? *Wozu* wird „designed“? Die Form dieser Fragen ist an Aristoteles' Lehre von den Ursachen des Seienden angelehnt. In diesem Kontext unterscheidet Aristoteles (Metaphysik, Buch I.3; Physik, Buch II.3) unter anderem die Wirkursache und die Zweckursache. Die Frage nach der Wirkursache (*causa efficiens*) ist die nach dem *Warum* oder dem *Woher.* Beziehen wir sie auf das Design, dann führt uns die Frage zur Bedürftigkeit des Menschen, der seine Lebensbedingungen – genauer gesagt: die Bedingungen, unter denen er sein Leben reproduziert – beständig verändert und neu gestaltet. Die Frage nach der Zweckursache (*causa finalis*) ist die Frage nach dem *Wozu*. Beziehen wir sie auf das Design, dann führt sie uns zur Zwecksetzung von lebensnotwendiger Arbeit. Arbeit ist Mittel, um etwas herzustellen, und nicht Selbstzweck. Ursache von Arbeit ist die Not(wendigkeit) – und der Zweck

[4] Man kann an dieser Stelle auch auf „die allumfassende Gestaltung unseres Lebens“ hinweisen und betonen, „dass alles um uns herum gestaltet, also Ausdruck von Design ist – jedes Produkt, alle Zeichen, Wegweiser und dergleichen, Bilderwelten jeglicher Art, Kleidung und Gesten, auch Töne, Gerüche und Geschmack, sogar die uns umgebende, doch nur noch gestaltete Natur und alles andere“ (Brandes et al. 2009, S. 12).

von Arbeit ist Nicht-Arbeit, Muße, Genuss, also: Freiheit ohne Not. Ebendies gilt auch für das Design, für die Entwurfs-Arbeit jedweder Art. Zur Zweckbestimmung von Design gehört jedoch nicht nur die Ermöglichung von Muße. Design hat auch Formen (und Foren) der Praxis, des gemeinsamen Handelns, zu gestalten.

Zwei Kernmotive treiben die Designpraxis an. Beides sind vitale Faktoren des modernen Lebens. Sie stehen in einem Spannungsverhältnis: einerseits das Bedürfnis nach der Gestaltung einer humanen *Lebenswelt* und andererseits der Wunsch nach Optimierung der *Arbeitswelt*, also der Welt der Produktion und des Warenverkehrs. Die Arbeitsteilung, die auf diesem Sektor entwickelt wurde, erweitert die Selbstbestimmung. An bestimmten Punkten schlägt sie jedoch um in Fremdbestimmung.

Das *gelingende* Leben ist der Ort lebensweltlicher Praxis. Es ist Gegenstand ethischer (sowie ästhetischer) Reflexion und kann als Zielbestimmung im Sinne eines umfassenden Begriffs von Gestaltung in den Blick treten. Dabei ist freilich zu bedenken, dass zuvor das *funktionierende* Leben der Arbeitswelt im Zentrum steht, in dem sich alles um die Poiesis dreht. Dort treten Selbstbestimmung und Fremdbestimmung zu einer widersprüchlichen Einheit zusammen. – Mehr dazu im vierten und sechsten Kapitel.

Soviel ist jetzt hoffentlich klar geworden: Eine Theorie des Designs kann Vieles, und recht Verschiedenes, umfassen. Zur Orientierung kann man, wie bereits angedeutet, davon ausgehen, dass heute zwei Designbegriffe im Umlauf sind, die beide ihre Berechtigung haben: ein enger und ein erweiterter. Designtheorie kann sich mit dem Entwerfen und Gestalten von dreidimensionalen Dingen beschäftigen. Dann spricht man von einer Theorie des Produktdesigns. Sie kann sich auch mit dem Entwerfen und Gestalten von zweidimensionalen Artefakten beschäftigen. Dann spricht man von einer Theorie des Kommunikationsdesigns oder von einer Theorie der visuellen Kommunikation. Design wird heute freilich oft nicht nur als Entwerfen von einzelnen *Produkten* verstanden, sondern als Entwerfen von ganzen *Systemen* und *Umgebungen*: Man denke an Flughäfen, Transportsysteme, Märkte und Freizeitparks oder an Lehrpläne, Rundfunkprogramme, Versorgungssysteme, Banksysteme und Computernetzwerke. Es kann aber auch – und dann erweitert sich das Designkonzept noch mehr – gar nicht um *Dinge* (Artefakte) gehen, die man entwirft und produziert. Es kann vielmehr um das Entwerfen und Gestalten von *Beziehungen* gehen, um das Gestalten – wie gesagt – von *Kommunikationsräumen* und *Kommunikationsformen*. Dann wird Gestaltung als soziale Praxis verstanden. Sie basiert auf Kommunikation. Und das heißt: auf dem Gebrauch von Zeichen mit dem Ziel der Verständigung, der Handlungskoordination, des strategischen und des konsensorientierten Handelns. Wenn Design als ein Medium der Partizipation verstanden wird, dann geht es letztlich um die Teilhabe der Öffentlichkeit an politischen und ökonomischen Entscheidungsprozessen.

Im Zuge der Akademisierung hat sich Design als Bildungsdisziplin etabliert, die Kunst und Wissenschaften verbindet und möglicherweise über beide produktiv hinausgeht. Die Fähigkeit zum Design wird dabei auch als Kreativkraft verstanden, die potenziell in jedem Menschen steckt. Solche Überlegungen zum Design von Lebensformen hat der US-amerikanische Designwissenschaftler C. Thomas Mitchell (1992, S. 58) vor rund 25 Jahren formuliert. Er hat damit einerseits überlieferte Motive der Sozial- und Lebensreformbewegung aus der Wende vom 19. zum 20. Jahrhundert wieder aufgegriffen; andererseits hat er damit Motive aus unserer Gegenwart vorweggenommen. Und auch der bereits erwähnte Lucius Burckhardt vertrat einen radikal erweiterten Designbegriff. Er hielt den Prozess des Entwurfs für wichtiger als die resultierende Gestalt. Gestaltet werden ihm zufolge eigentlich nicht „Einzelobjekte, sondern potentielle Einsatzfähigkeiten, Umnutzungen, Verwendungen, aber auch Nichtverwendbarkeit“ (Mareis 2011, S. 115).

Design und Theorie

3

Im Unterschied zur kunsthistorisch betriebenen Designgeschichte tut Designtheorie gut daran, mit einem weit gefassten Begriff von Design zu operieren (siehe Maier 2006). Unter Design versteht man dann, wie gesagt, Industriedesign, Grafikdesign, Informationsdesign, Medien- und Kommunikationsdesign sowie Architektur, das Design von Lebensorten, Lebensräumen und Lebensformen. Auf jedem dieser Felder gibt es interne Wissensbestände und Regeln. Damit ist der handwerklich-technische Bereich gemeint. Also das Fachwissen der Designer. Wie stellt man etwas richtig her – sachgerecht, nützlich, wirtschaftlich, attraktiv usw.? Wie erzielt man die beabsichtigten Wirkungen bei Benutzern und Betrachtern? Allen Aktivitäten auf diesen Gebieten liegen aber auch allgemeinere Weltbilder und Menschenbilder zugrunde. Wer Autos herstellt, Häuser baut, Städte plant oder Plakate und Internetseiten gestaltet, hat Vorstellungen davon, wie Menschen leben wollen, wie sie wahrnehmen, was sie vermutlich dabei denken und wie sie sich fühlen. Designer haben auch Vorstellungen, wozu die Dinge, die sie entwerfen, gut sind. Wozu braucht man sie, warum sollte man sie haben, warum ist dieses besser als jenes, warum finden wir das eine schöner und das andere weniger schön? Anders gesagt: Hinter jedem Auto, jedem Haus, jedem Bebauungsplan, jedem Plakat und jeder Internetseite steht eine Idee vom Menschen. Diese Vorstellung steht natürlich nicht wirklich dort; wir finden sie nicht, wenn wir um das Objekt herumgehen. Aber sie steckt sozusagen in seinem Entwurf, in seinem Design.

Designpraktiker haben Vorstellungen, wie Menschen leben wollen, Wahrnehmungen machen, denken und fühlen. Je gründlicher sie darüber nachdenken, desto klarer wird ihnen, dass sie als „Praktiker", zumindest im Ansatz, auch „Theoretiker" sind. Sie bewegen sich immer schon auf verschiedenen Wissensgebieten. Jedes dieser Gebiete hat seine begriffliche Ordnung. Deren Begriffe sind auf je unterschiedliche Weise logisch verknüpft. Auf jedem Wissensgebiet werden aus diesen Verknüpfungen verallgemeinerbare Aussagen und Regeln abgeleitet.

G. Schweppenhäuser, *Designtheorie,* essentials,
DOI 10.1007/978-3-658-12660-5_3

Entwurfsprozesse finden im Zusammenhang des spezifischen Fachwissens statt. Wissens-Bestände haben Grundbegriffe, Regeln und Normen, die (mehr oder weniger systematisch) auseinander abgeleitet sind. Bei Entwurfsprozessen spielen auch Annahmen aus Gesellschaftstheorie, Wahrnehmungstheorie, Erkenntnistheorie, Psychologie, Ethik und Ästhetik eine Rolle. Diese Wissensgebiete kann man zusammenfassen in Philosophie, Soziologie und Psychologie. Philosophen versuchen, Fragen der Wahrnehmungstheorie, Erkenntnistheorie, Ethik und Ästhetik zu klären. Soziologen beschäftigen sich mit Fragen des gesellschaftlichen Zusammenlebens. Psychologen untersuchen subjektive Gefühle, Weisen der Weltwahrnehmung und Grundlagen des Handelns. Hier gibt es Überschneidungen: Manchmal werden Fragen aus der Psychologie auch von Philosophen und Soziologen behandelt. Wahrnehmungen, Gefühle und Handlungsmuster haben ja stets auch ethische und soziale Aspekte. Insofern ist Design heute ein interdisziplinäre Tätigkeit; seine Verbindung mit den Wissenschaften ist immer disziplinenübergreifend.

„Theorie" ist ursprünglich ein griechisches Wort. Das Verb θεωρεῖν *(theorein)* steht für „beobachten, betrachten, (an)schauen". Das Substantiv θεωρία *(theoría)* ist die „Schau", die „Anschauung", „Überlegung", „Einsicht" oder die „wissenschaftliche Betrachtung". Theorien versuchen, Anschauungen und Begriffe, die wir von Objekten haben, in einer gedanklichen Bewegung zusammenzubringen. Dabei soll nicht nur die Erscheinung des Objekts abgebildet, sondern auch ihr Wesen gleichsam strukturell erfasst werden.[1] Ziel theoretischer Erkenntnis ist seit Aristoteles ein begründetes Wissen (επιστήμη) über etwas – im Gegensatz zu der bloßen Meinung (δόξα), die man dazu haben kann.

Theorien bilden einen Zusammenhang von Aussagen. Er enthält *Beschreibungen, Erklärungen* und *Bewertungen* von Phänomenen, Vorgängen und Strukturen aus jeweils definierten Objektbereichen. Theorien gelangen über die Formulierung und Prüfung von Hypothesen zu allgemeingültigen Gesetzesaussagen. Sie gehen in der Regel von Axiomen oder Beobachtungen aus. Ihre einzelnen Aussagen verbinden sie zu Satzsystemen. Deren Geltungskriterien sind Konsistenz und Widerspruchsfreiheit. Wissenschaftliche Theorien sind dabei stets von außerwissenschaftlichen Hintergrundannahmen eingerahmt. Diese werden in der Theorie selbst oft gar nicht expliziert. Vorwissen, aus dem Fachgebiet und aus der Lebenswelt, ist aber Voraussetzung wissenschaftlicher Erkenntnis. Theoretische Deutungen und Interpretationen können nicht von Interessen und Zielen der sozialen Interaktion isoliert werden.

[1] Die Rede von „Objekten" hat hier den weitesten Sinn: Gegenstände, Prozesse usf. – grundsätzlich alles, worauf sich unser Erkenntnisvermögen beziehen kann.

Wozu braucht man Designtheorie? Zunächst für die Erweiterung des Vokabulars, mit dem Hersteller und Benutzer Designprodukte und -prozesse beschreiben, analysieren und interpretieren können. Auch Designtheorie ist deskriptiv, explikativ und normativ: Sie *beschreibt*, *erklärt* und *bewertet*. Nicht alles zur gleichen Zeit und unter denselben Gesichtspunkten, sondern jeweils für sich und unter genauer Angabe der Aspekte, Kriterien und Methoden.

Designtheorie ist keine Natur-, sondern eine Kulturwissenschaft.[2] Als hermeneutische – das heißt: als verstehend-interpretierende – Theorie rekonstruiert sie Erfahrungsweisen kultureller Ausdrucksgestalten. Daher unterscheidet sie sich methodisch vom Erklären der Naturwissenschaften, die Tatsachen beobachten und quantifizieren, um Kausalitäten festzuschreiben (Gadamer 1960, S. 352 ff.). Designtheorie hat zudem semiotische und handlungstheoretische Aspekte. Denn alle soziokulturellen Phänomene sind durch Zeichen vermittelt. Hermeneutisches Verfahren und sozialphilosophische Reflexion auf gesellschaftliche Bedingungen der Produktion von Bedeutungszusammenhängen verweisen aufeinander. Das kommt daher, dass Texte und Sprachen Kodierungen sind, die sich auf Natur-, Vergesellschaftungs- und Herrschaftsverhältnisse beziehen. Deren Analyse muss in den Horizont der Auslegung reflexiv einfließen.

Es gibt im Bereich der Designtheorie allerdings auch streng nominalistische Ansätze. Sie beschränken sich aufs Beschreiben und lehnen es ab, ihre Gegenstände zu erklären oder zu bewerten. Die Theorie darf dann nur beschreiben, wie die Nutzer etwas bewerten. Der Philosoph Jakob Steinbrenner (2010, S. 19) zum Beispiel definiert wie folgt: „Zu einem Designobjekt wird […] ein Gebrauchsobjekt dadurch, dass wir seine Funktionsweise ästhetisch bewerten." So lässt sich genau beschreiben, wann wir etwas unter welchem Aspekt betrachten; aber nicht immer verstehen, warum. Und auch nicht klären, ob dies den Gegenständen und Sachverhalten gerecht wird oder nicht. Nominalistische Designtheorie kann in Ungereimtheiten führen. Nehmen wir beispielsweise an, dass ich die PH-5-Leuchten von Poul Henningsen, die über meinem Esstisch Licht spenden, einmal nicht „ästhetisch bewerte". Sind sie dann keine „Designobjekte"? Handelt es sich dabei um einen vorübergehenden Zustand? Sind sie also nur solange keine Designobjekte, wie ich ihre Funktionsweise nicht ästhetisch bewerte? Kann ich ihr Designobjekt-Sein genauso an- und ausschalten wie ihre Beleuchtungsfunktion? Und andersherum: Was, wenn

[2] Im Unterschied zu naturwissenschaftlichen Theorien haben kulturwissenschaftliche und philosophische Theorien die Aufgabe, Begriffsklärungen zu leisten und vernünftig legitimierbare Bewertungen zu formulieren. Sie enthalten also einerseits *explikative* Diskurse mit argumentativen Begriffserläuterungen und andererseits *normative* Diskurse, in denen Geltungsansprüche begründet werden (Schnädelbach 1977, S. 177 ff; siehe auch ders. 2003, S. 512).

ich die Papprollen, auf die das Toilettenpapier in der Fabrik gewickelt wurde, „ästhetisch bewerte" (z. B. im Hinblick auf eine Modellbauaufgabe; oder wenn ich sie nicht *verwende*, sondern einfach nur, wie Heidegger das nennt, *begaffe*)? Werden die Rollen dadurch Designobjekte? In einem präzisen Sinn wohl kaum. Angenommen, ich könnte das Designobjekt-Sein meiner Poul-Henningsen-Leuchten nach Belieben an- und ausschalten: Dann reichte ich weder an die Gegenstände selbst heran noch an die Konvention, nach der – stets auch sachlich motiviert – das eine als Designgegenstand bezeichnet wird und das andere nicht. Ich würde lediglich die Namen auswechseln, die ich den Dingen gebe. Genau das lehrte der Nominalismus im ausgehenden Mittelalter: Begriffe sind bloße Namen, die keinerlei Halt an den Gegenständen haben, für die sie zeichenhaft stehen. Der Neo-Nominalismus (Goodmann 1968, 1978) sagt das im Prinzip auch. Daher kann (und will) er keine philosophischen *Begriffe* verwenden. Er möchte nicht erklären, wie es möglich ist, dass abstrakte Sachverhalte sich gleichsam materialisieren und gleichwohl nicht aufhören, auch abstrakt zu sein. Theorien des Entwerfens kreisen aber genau um diese – zugegeben rätselhafte – Problematik. Es hilft nichts, so zu tun, als gäbe es diese nicht mehr, wenn man die Sprache, wie im Neonominalismus, von allem Begrifflichen reinigt.

Eine kritische Designtheorie hingegen rekonstruiert ihr Gegenstandsfeld als eine dialektisch verstandene „Gesamtkonstellation". Deren Bestandteile sind die unterschiedlichen Perspektiven auf Objekte im Untersuchungsfeld. Und darüber hinaus auch die Perspektiven auf die Rahmung dieses Feldes durch Handlungsregeln sowie durch „soziale Konflikte und Herrschaftsbeziehungen" (Steinert 1998, S. 68).

Was genau bedeutet es, wenn solch eine „Gesamtkonstellation" als „dialektisch" bezeichnet wird? Ihre begriffliche Rekonstruktion beschreibt da, wo es erforderlich ist, Gegensätze und Antagonismen, die im Gegenstandsfeld selbst angelegt sind. Diese Gegensätze und Antagonismen kehren in den – je unterschiedlich beschreibenden und interpretierenden – Theorien wieder, die über Bereiche des Gegenstandsfeldes aufgestellt worden sind. Und zwar kehren sie wieder als begriffliche Ungereimtheiten oder Widersprüche.

Nehmen wir als Beispiel den Zwiespalt, in den das Bauhaus-Design geraten ist. In seinen Produkten manifestierte sich sozialer Gerechtigkeitsanspruch, aber sie werden als elitäres kulturelles Distinktionsmerkmal verwendet. Dieser Zwiespalt kann in der theoretischen Reflexion als prophetische Vorwegnahme späterer Produktivkraftentfaltung gedeutet werden. Es gab sie seinerzeit noch nicht im nötigen Ausmaß, um Güter und symbolisch-ästhetische Werte für alle zugänglich zu machen. Heutzutage haben sich die Produktivkräfte so entfaltet, dass dies möglich wäre. Aber die Produktions- und Eigentumsverhältnisse verhindern nach wie vor, dass gesellschaftlicher Wohlstand gerecht und gleich verteilt wird. – Der Zwiespalt kann freilich auch als Folge einer veralteten, paternalistischen Machtphantasie von Designern und Architekten aufgefasst werden. Sie träumten davon, Menschen in ihrem Sinne umzuerziehen. Das gehört einer Zeit an, in der Ästhetik auf problematische Weise mit Ethik vermischt wurde. Der Zwiespalt kann aber auch als Indikator für ein gesellschaftstheoretisches bzw. ökonomiekritisches Reflexionsdefizit der Protagonisten interpretiert werden. Dann stellt sich die Angelegenheit so dar: Man war von der falschen Annahme ausgegangen, soziale Gerechtigkeit ließe sich durch Versorgung aller Bevölkerungsschichten mit „gut" und „zweckmäßig" gestalteten, daher „schönen" Gegenständen und Behausungen verwirklichen, ohne dass zuvor die Produktions- und Eigentumsverhältnisse grundlegend geändert werden müssten.

Eine dialektisch-konstellative Designtheorie wird nicht eine dieser Beschreibungen als „richtig" nobilitieren und die anderen als „falsch" verwerfen. Sie wird vielmehr versuchen, folgende Fragen zu beantworten: Mit welchen Bestandteilen der Deutungsmodelle lassen sich Aspekte des Untersuchungsfeldes aufschließen? Welche Perspektiven wurden oder werden von den Urhebern der Deutungsmodelle eingenommen? Was waren oder sind deren soziohistorische Hintergründe? Welche herrschaftlichen und diskursiven Rahmungen prägen sie?[3]

Betrachten wir ein prominentes Beispiel: Goethes Gartenhaus im Weimarer Park an der Ilm. Im 19. Jahrhundert wurde es zum Sehnsuchtsort literatur- und kulturbegeisterter Bildungsbürger in Deutschland. Es war ein Sinnbild lyrischer Innerlichkeit und Naturverbundenheit, des einfachen Lebens ohne den Glanz städtischer Repräsentation. Im Entwurf eines Hauses geht es um einen Raum, in dem Menschen ein gelingendes Leben leben können. Inspiriert von den Proportionen des Gartenhauses, entwarf der Stuttgarter Architekt Paul Schmitthenner 1928 in Berlin seine Vorstellung vom idealen ‚deutschen Siedlungshaus'. Wenige Jahre zuvor war Weimar mit der Schule des Bauhauses zum Ort des neuen Designs geworden. Ein einziges Haus wurde dort auch im Sinne des neuen Bauens verwirklicht: das berühmte „Haus am Horn". Dahinter stand die Idee vom gelingenden Leben in einem Rahmen, der die Funktionalität der Dinge für die Benutzer betont. Diese ist wichtiger als das ästhetische Erscheinungsbild, daher: keine Dekorationen innen, kein Blendwerk außen. Das Bauhaus-Konzept brach mit der überlieferten Vorstellung, dass es Aufgabe der Designer sei, die äußere Erscheinung der Dinge,

[3] Hier kann man auch mit Michel Foucaults Konzept der *Dispositive* arbeiten. Foucault verstand darunter „ein Netz aus Institutionen, Personen, Diskursen und Praktiken", freilich nicht als unmittelbare geschichtliche Gegebenheit, sondern als gedankliche Konstruktion: nämlich „als Epochenbegriff [...], der verallgemeinernde Aussagen über eine bestimmte historische Anordnung erlaubt" (Wimmer 2013).

die Oberflächen und Fassaden, zu verschönern. Entsprechend sei die Aufgabe der Architekten nicht das „Entwerfen von Fassaden", sondern das „Organisieren von Grundrissen" (Hirdina 2001, S. 52). Gestaltung suchte nicht nach schönen Oberflächen, sondern nach dem „Gesetzmäßigen".

Gropius' Grundgedanke: Die Form von gestalteten Gegenständen muss durch ihre Funktionsweise und Zweckbestimmung bestimmt werden. 1926 hatte er gefordert, dass funktions- und zweckgerechte Objektgestaltung stets von einer Wesenbestimmung des Objekts auszugehen habe. Der Designer muss demnach wie ein Philosoph vorgehen: Er muss das Wesen der Dinge erkennen. „Wesensforschung führt zu dem Ergebnis, daß durch die entschlossene Berücksichtigung aller modernen Herstellungsmethoden, Konstruktionen und Materialien Formen entstehen, die, von der Überlieferung abweichend, oft ungewohnt und überraschend wirken." (Gropius 1926, S. 168) Gestaltung beschäftigt sich demzufolge nicht mit der ästhetischen Erscheinung und dem Schönheitsempfinden, sondern mit dem „Objektiven", dem „Wissenschaftlichen" und dem „Begründbaren" (Hirdina 2001, S. 52). Von welchen Kriterien solle man sich zum Beispiel beim Entwurf eines neuen Türdrückers leiten lassen? Von Symbolik, Ausdruck, ästhetischer Gefälligkeit oder vom Mitteilungsbedürfnis des Designers? Nein, im Mittelpunkt müssten Fragen nach Funktionstüchtigkeit und Benutzerfreundlichkeit im täglichen Gebrauch stehen. Das Bauhaus-Programm versuchte, Industrie und Technik mit dem Natürlichen zu vermitteln: „Entschlossene Bejahung der lebendigen Umwelt der Maschinen und Fahrzeuge" (Gropius 1926, S. 168). Also kein Maschinenkult, der, wie der Futurismus im Ersten Weltkrieg, symbolisch über Leichen geht. Eher eine utopische Synthese aus Natur und Technik. Designen – im Sinne von gestalten – heißt demnach nicht dekorativ, sondern strukturell arbeiten: etwas Funktionales entwerfen, Entwürfe begründen können, Prozesse initiieren, Lebendiges hervorbringen. Form ist in diesem Verständnis nicht äußere Erscheinungsform, sondern die innere Form der Dinge und Prozesse. Wie schon bei Aristoteles, der die Form für das Wesentlich hielt: „Der Stoff ist die gestaltlose [...] Substanz, das ‚zugrunde Liegende' [...], die Form dessen Gestaltung." (Vorländer 1903, S. 124; siehe Aristoteles, Metaphysik, Buch VII)

Im Programm des Bauhauses wurde eine umfassende Utopie der Gestaltung entworfen, die weit über Entwurf und Herstellung von Gebrauchsdingen hinausging. Sie wollte die Arbeitsteilung der modernen Industrie überwinden. Sie wollte über die Zersplitterung der modernen Gesellschaft und die Entfremdung der Produzenten von ihren Produkten hinausgelangen, die Schiller in seinen Briefen über die *ästhetische Erziehung des Menschen* diagnostiziert hatte. Kunst wurde nicht mehr als autonom verstanden, sie sollte in den sozialen Prozess integriert werden. Im Bauhaus-Programm wurde „die Einheit der Welt und damit ihre Gestaltbarkeit"

(Hirdina 2001, S. 53) betont. Damit war das Bauhaus Teil der europäischen Avantgarde, die in vielen Varianten die Kluft zwischen Kunst und alltäglicher Lebenspraxis überbrücken wollte.

Wenig später, von 1926 bis 1929, wurde in Frankfurt im Rahmen des sozialreformerischen Projekts „Neues Bauen" unter der Leitung von Ernst May eine ähnliche Idee vom gelingenden Leben der Menschen entworfen. Die „Siedlung Praunheim" wurde durch Grundstücksenteignungen und Steuerfinanzierung ermöglicht. Ihre Dachterrassen – in dieser Siedlung Luxus für ‚einfache Menschen'– sollten bald in einem feineren Kontext wieder auftauchen. Beim „Frankfurter Neuen Bauen" ging es um ein soziales Anliegen: menschenwürdiges, zivilisiertes Leben für Arbeiter und andere, die wenig Geld haben. In der deutschen und europäischen Moderne drehte sich beileibe nicht alles um den sozialen Wohnungsbau. Wer es sich leisten konnte, ließ sich von Avantgarde-Architekten wie Mies van der Rohe, dem sozialistische Tendenzen nicht nachgesagt werden konnten, großbürgerlich-sachliche Paläste errichten. In der Villa des Textilienfabrikanten Tugendhat in Brünn ließ sich leben, schauen und genießen; mit riesigen Kinderzimmern – und Dachterrasse.

Wohlgemerkt: Menschenbilder sind nicht nur für Entwürfe in der Architektur relevant. Gerade auch im Produktdesign spielen sie eine wichtige Rolle. In der neueren Designforschung (Selle 2007) wird nun vor allem gefragt: Welche Menschendbilder werden vom Design produziert? Wie verändern sich Menschen, wenn sich die Entwürfe und die Gestaltungen der Gegenstände verändern, in denen sie arbeiten und leben? Wie verändert sich ihre Selbstwahrnehmung?

Dabei verändert sich auch die Ansicht, was zeitgemäßes, legitimerweise revolutionäres oder reformerisches Design ist. Und auch dafür ist die Bauhaus-Utopie der 1920er und frühen 1930er Jahre ein Exempel. Die Nationalsozialisten erzwangen auf dem Gebiet der Künste und der Kultur einen Qualitätsexodus. Bald darauf trat der Funktionalismus unter dem Label „International Style" von den USA aus seinen Siegeszug um die ganze Erde an. Die Welt wurde praktischer, effizienter und produktiver – aber auch bewohnbarer?

Der Funktionalismus funktioniert nicht, jedenfalls nicht in Bezug auf die vitalen Bedürfnisse der Menschen, argumentierte der Philosoph Theodor W. Adorno in einem berühmten Vortrag über „Funktionalismus heute" vor dem *Werkbund* in Berlin. Der funktionalistische Kult des Nützlichen krankt daran, dass die Menschen, denen die Dinge nutzen sollen, noch gar nicht die freien, selbstbestimmten Subjekte eines vernünftig eingerichteten sozialen Ganzen sind, in dem Dinge und Menschen nicht mehr auf ihre ökonomischen Funktionen reduziert wären. „Aber alles Nützliche ist in der Gesellschaft entstellt, verhext", schrieb Adorno (1965, S. 392): „Daß sie die Dinge erscheinen läßt, als wären sie um der Menschen willen da, ist Lüge; sie werden produziert um des Profits willen, befriedigen die Bedürfnisse nur beiher, rufen diese nach Profitinteressen hervor und stutzen sie ihnen gemäß zurecht.“ (Siehe auch Bürklin 2003)

Die Kritik am Funktionalismus wurde bald darauf auf breiter Front artikuliert. Dabei kristallisierten sich zwei Kernargumente heraus. Das erste lautet: Die Behauptung der Einheit von Funktion und Form ist reduktionistisch. Das zweite Argument: Gestaltete Dinge und Gebäude haben verschiedene Aufgaben und Aspekte. Sie dienen der Funktion, der Information und den ästhetischen Bedürfnissen der Benutzer. Sie sind Bedeutungsträger. All das kann nicht auf *eine* Formel gebracht werden. Das Design der funktionalen Stadt sollte die Aufteilung in die Bereiche Wohnen und Erholen, Produzieren und Distribuieren widerspiegeln. Die monofunktionalistische Aufteilung in Zonen des Wohnens, Arbeitens und Erholens, die durch Verkehrswege verbunden werden, war von ihrem Pionier, dem Architekten Le Corbusier, „menschenfreundlich gemeint“; sie endete aber bekanntlich bald in „trostlosen Hochhaussiedlungen am Stadtrand, in die die Menschen letztlich nur zum Schlafen fahren“, sowie in „öden Naherholungsgebieten“ und Innenstädten, die auf Kaufstätten reduziert sind und sich „nach Ladenschluss in Geisterstädte verwandeln“ (Friedrich 2008, S. 168). Unter der dringend erforderlichen Reurbanisierung der Städte wäre heutzutage folglich die Wiederherstellung ihrer Plurifunktionalität zu verstehen (ebd).

Kommen wir zurück zur Ausgangsfrage. Was lernen wir aus der Debatte über den Funktionalismus? Eine *kritische* Designtheorie muss Darstellung und Kritik ihrer Gegenstände sozusagen gleichzeitig entwickeln. Sie muss schon die Analyse als Kritik betreiben. Kritik heißt im philosophischen Sinne, die spezifische Leistungsfähigkeit von etwas und dessen Grenzen ermitteln und beurteilen.[4] Die Begriffe einer kritischen Theorie des Designs sind deskriptiv *und* normativ. Denn Beschreibungen können – aus dieser Perspektive – nur dann stimmig geraten, wenn man nicht so tut, als dürfe eine hermeneutisch-kulturwissenschaftliche Theorie nur nominalistisch paraphrasieren oder, wie die positivistischen Naturwissenschaften, „neutral“ Fakten sammeln. Beschreibungen und Erklärungen gesellschaftlicher Strukturen und Zustände werden in einer kritischen Theorie des Designs daher mit der normativen Explikation ihres kontrafaktischen Möglichkeitsgehalts verbunden.

[4] Das entspricht der Bedeutung des griechischen Wortes *κρίνειν*: unterscheiden und mit Gründen entscheiden.

4 Design und Gesellschaft

Der Frankfurter Architekt Ferdinand Kramer hat nicht nur Häuser gebaut. Wie so mancher bedeutende Architekt des 20. Jahrhunderts entwarf er auch mobile Gegenstände des alltäglichen Gebrauchs in unterschiedlichen Formaten und Kontexten. Bis um die Mitte des 20. Jahrhundert gab es ja kein eigenes Fach „Design". Die Entwerfer von Industrieprodukten waren, sofern sie eine akademische Ausbildung durchlaufen hatten, von Haus aus Architekten.

Der Ofen, den Kramer für die Wohnungen des Ernst May'schen Siedlungsprojekts „Neues Bauen" im Frankfurt der 1920er Jahre entworfen hatte, war schon zu seinen Lebzeiten ein „Designklassiker". Er ist praktisch zu bedienen, günstig zu produzieren, gefällig anzuschauen und wird seither liebevoll der „Kramer-Ofen" genannt. Treffend schreibt Gert Selle (1994, S. 208) über Kramers Entwürfe aus der Weimarer Republik: „Für einen Augenblick nimmt die Utopie des sozialen Gestaltens greifbare Formen an." Ferdinand Kramer wurde von den Nazis aus Deutschland vertrieben, weil man seine Arbeit „entartet" fand. Er setzte seine Karriere in den USA fort.

Dort entwickelte er ein Prinzip, das sich rasch weltweit durchsetzte. Heute erscheint gute Sichtbarkeit der Waren im Kaufhaus, visuelle Zugänglichkeit und Dominanz, fast wie eine Naturgegebenheit. Doch zu Kramers Zeiten war dies keineswegs selbstverständlich. Er bemängelte das antiquierte Verbergen der Waren hinter oder unter dem Tresen und das Heranschleppen aus entlegenen Ecken. Um dem abzuhelfen, entwarf Kramer durchsichtige Plastik-Aufsteller in verschiedenen Größen, auf denen die Waren zugänglich arrangiert werden konnten. Vom *display*, das Kramer 1945 für das Kaufhaus Bloomingdale's in New York City entworfen hatte (siehe Lichtenstein 1991) ist es nur noch ein kleiner Schritt zur Selbstbedienung in Kaufhäusern mit Aufbewahrungen, aus denen der Kunde die Waren direkt herausnimmt und zur Kasse bringt. Diese Form des Kaufakts beherrscht heute unsere Lebenswelt. Menschen arbeiten, dabei produzieren sie Waren und

G. Schweppenhäuser, *Designtheorie*, essentials,
DOI 10.1007/978-3-658-12660-5_4

Dienstleistungen. Diese werden an Orte gebracht, an denen sie gekauft und, wenn es sich um Waren handelt, von dort aus wiederum an Stellen gebracht werden, an denen man sie verbraucht, also, im eigentlichen Sinne des Wortes, *konsumiert*.

„Verschwendung als Antrieb der Wirtschaft" ist in diesem ökonomischen System unumgänglich – das lernte Kramer (1986, S. 63) in den USA. Das moderne Design des industriellen Arbeitsprozesses stammte maßgeblich von dem Ingenieur Frederick W. Taylor. Der Begründer der Arbeitswissenschaft hatte die Produktionsvorgänge in kleinste Einheiten zerlegt, die jeweils eine Arbeiterin oder ein Arbeiter ausschließlich verrichten musste. Damit ist der Arbeitstag vieler Menschen bis heute zu jener quälend monotonen Angelegenheit geworden, die Charles Chaplin 1936 in seinem Meisterwerk *Modern Times* dargestellt hat. Der Arbeitsprozess im Dienstleistungssektor wurde durch den Einzug von Schreibmaschinen in die immer größer werdenden Büros ebenfalls ‚taylorisiert' (Selle 2007, S. 20 f.). Billy Wilder inszenierte dies 1960 eindrucksvoll in seinem Film *The Apartment*. All das sparte Zeit und ließ den Alltag flüssiger werden. Die Menschen mussten immer flexibler sein, um den Anforderungen der modernen Arbeitsprozesse gerecht zu werden. Im Gegenzug, so wurde ihnen verheißen, bekämen sie mehr Zeit für die wesentlichen Dinge im Leben. Doch bald schon zeigte sich, dass es im modernen Leben nichts gibt, das auch nur annähernd so „wesentlich" und „wichtig" ist wie kaufen (und verbrauchen).[1]

Norman Bel Geddes, in dessen Büro Kramer als Emigrant eine Zeit lang arbeitete, ersann immer neue Verlockungen, damit „der schnelle Konsum von Verbrauchsgütern" (Kramer 1986, S. 63) nur nicht ins Stocken gerate. Kramer hingegen machte sich Gedanken, wie das Leben der Menschen erleichtert werden könnte. Der Entwerfer, ein lebenslanger Freund des Philosophen Adorno, war ein sozial engagierter und unbändig kreativer Mensch. Er wollte auch jenem Teil des Lebensalltags eine gute Form geben, welcher der Reproduktion der Arbeitskraft und dem „eigentlichen" Leben gewidmet ist. Mit dem Scharfblick des Immigranten war ihm aufgefallen, dass ein Großteil der Menschen in den USA oft nicht nur den Arbeitsplatz wechselte, sondern, infolge der Arbeitssuche, auch den Ort. Kramer (1986, zit. nach Kramer 1991, S. 63) war fasziniert von der „Mobilität und Flexibilität der Amerikaner, dieser modernen Nomaden". Wer häufig umzieht, so seine Überlegung, muss viel Zeit, Aufwand und Geld investieren, um seine Habseligkeiten zu verstauen und ins neue Heim zu transportieren. („Dreimal umgezogen

[1] In der populären Kultur ist das häufig kommentiert worden – mal romantisch, mal sarkastisch. „The best things in life are free/ But you can give them to the the birds and bees/Now give me money/That's what I want", sang Barrett Strong 1960 in der Arbeiterstadt Detroit: „Your love gives me such a thrill/ But your love don't pay my bills/I need money/That's what I want/ ... Money don't get everything, it's true/ But what it don't get, I can't use/I need money/That's what I want" …

ist wie einmal abgebrannt", sagte man früher in Frankfurt.) Wäre es nicht eine enorme Erleichterung, wenn man seine Möbel mit ein paar Handgriffen zusammenklappen und zu flachen Paketen falten könnte, die einfach verschickt werden und dann vor Ort schnell wieder aufgestellt sind?

Kramers Systemmöbel-Projekt *Knock-Down-Furniture* wurde ab 1942 mit viel Elan von der Williams Furniture Company in South Carolina verwirklicht. Kramers spätere Frau Lore berichtet von Verkaufserfolgen der „,demountable furniture'": „Bett-Sofa, Lehnstuhl, Ausziehtische, Klappstühle, klapp- und tragbare Beistelltische, [...] faltbare Teewagen" (Kramer 1991, S. 65). Tatsache ist jedoch, dass der erhoffte ganz große Erfolg ausblieb. Doch warum? Es stellte sich heraus, wie wichtig ein Detail des *American Way of Life* war. Für die meisten Amerikaner ist es (bis heute) selbstverständlich, nicht nur ihr Haus zu verkaufen, wenn sie auf der Suche nach Arbeit die Stadt verlassen, sondern auch das Mobiliar. In der andern Stadt kauft man sich dann ein möbliertes Haus, und so geht es reihum. Die Menschen belasten sich gar nicht mehr groß mit dem Möbeltransport. Etwas bösartig ausgedrückt: Man lässt den gewohnten Plunder zurück und arrangiert sich dann mit dem Plunder vor Ort. Ein pragmatischer und effizienter Umgang mit den Dingen des alltäglichen Lebens, die praktisch, bequem und vielleicht sogar schön anzusehen sein dürfen, vor allem aber problemlos austauschbar sein müssen. Wohn- und Lebenserfahrungen die Menschen mit und an ihnen machen, sollten möglichst übertragbar sein. Und die Spuren des Lebens, die sich in die Dinge eingeschrieben haben, sind nur insofern relevant, wie sie von allen Benutzern geteilt werden (können).

„Wohnen heißt Spuren hinterlassen", schrieb der Philosoph Walter Benjamin (1935, S. 53). Spuren können von späteren Benutzern gelesen werden. Unter Umständen können darin sogar die Umrisse jener traumhaften „Wunschbilder" entziffert werden, „in denen das Neue sich mit dem Alten durchdringt (S. 46). Das Bedürfnis, sich vom „Jüngstvergangene[n]" abzusetzen, das man als quälend „Veraltetes" (S. 47) wahrnimmt, kommt mit der utopischen Sehnsucht nach etwas wahrhaft *Neuem* zusammen. Dies müsste ganz anders sein als alles, was wir kennen. Oder aber – und das dürfte beim Wohnungs- und Mobiliartausch zumeist der Fall sein – alles bleibt beim Alten, keiner sucht nach Spuren. Im Gegenteil: je weniger die Gebrauchsgegenstände durch ihre Vorbesitzer individualisiert wurden, desto besser.[2]

[2] Walter Benjamin hat den Feldzug begrüßt, den die Avantarde-Architektur in Europa gegen die angewandte Ästhetik der Bourgeois-Epoche der Gründerzeit führte. Der Schein der Einmaligkeit und erlesenen Entrücktheit von Kunsterlebnissen verklärte jene Epoche. Benjamin nannte ihn die „Aura". Dieser Schein, so Benjamin, wird in Filmkunst, Design und Architektur zertrümmert und durch fortgeschrittene, massentaugliche Produktionstechniken er-

Mit dem Prinzip der Kostenreduktion durch Weglassen der letzten Fertigungsschritte hatte der niederländische Avantgardist Gerrit Rietveld bereits in den frühen 1930er Jahren experimentiert. Seine „in kleineren Serien hergestellte ‚Crate Furniture'" waren „frühe praktische und preiswerte ‚Cash an Carry'-Möbel, die der Käufer selbst zusammenbaut, die den spielerischen Aspekt betonen und improvisiert wirken, als wären sie aus Obstkistenholz gebaut" (Kramer 1991, S. 64). Dieses Prinzip hat sich nicht nur im populären Niedrigpreissegment durchgesetzt, in dem IKEA unschlagbar dominiert, zum Beispiel mit seinem modernistischen „Billy"-Bücherregal. Nein, auch im Hochpreisbereich. Dafür kann Axel Kufus' zerlegbares Bücherregal FNP aus dem Jahre 1989 als Paradebeispiel stehen: ein postmodernes „Designerregal", bei dem nicht nur auf „Material- und Herstellungsökonomie" Wert gelegt wird, sondern auch auf „möglichst geringe Umweltbelastung" (Eisele 2014, S. 323). Letztere ist für Industrie- und Produktdesigner spätestens seit den 1990er Jahren ein höchst relevanter Faktor. Schließlich hat sich gezeigt, dass kapitalistisches Wirtschaften nicht nur Raubbau mit der menschlichen Arbeitskraft treibt, sondern auch mit unseren natürlichen Lebengrundlagen.

Man sieht an diesem Beispiel, wie sich kulturelle, soziale und ökonomische Faktoren beim Entwurf von Gebrauchsgegenständen auswirken. Für Rietveld waren Selbstmontage-Möbel nur eine Fingerübung; für Kramer waren sie kein wirtschaftlicher Riesenerfolg. Aber schon eine Generation später kehrte seine Idee glanzvoll und siegreich zurück. Nun war die Triebkraft dahinter aber nicht mehr der Wunsch, arbeitsuchenden Menschen das Leben zu erleichtern. Jetzt regiert der Zwang, die Produktions- und Lagerkosten bei der Möbelherstellung zu reduzieren. Wenn der Hersteller den letzten Fertigungsschritt nicht mehr selbst ausführt, sondern an den Endkunden delegiert, haben alle etwas davon, weil sie weniger Geld investieren müssen – so lautet bekanntlich die IKEA-Doktrin. Wer Lohnkosten für die Montage einsparen kann, verbessert seine Chancen im Wettbewerb. Und zerlegte Möbel brauchen weniger Lagerraum.

Den Anteil bezahlter Lohnarbeit in der Produktion senken – das ist gleichsam die Zauberformel. Karl Marx zufolge besteht die innere Schranke der kapitalisti-

setzt. Dass Designprodukte und Häuser der Moderne wenige Jahrzehnte später als „Designklassiker" hoch bezahlt und kultisch verehrt werden, wäre in Benjamins Augen die Folge vom Scheitern der gesellschaftlichen Emanzipationsbewegung, deren Teil sie ursprünglich waren. „Für Benjamin war es ein schmerzhafter, aber unvermeidlicher Fortschritts- und Entzauberungsvorgang, der die bürgerlichen Menschen aus den dunklen Plüsch- und Textilhöhlen der Gründerzeit in die hellen und stählernen Wohnmaschinen der Moderne mit ihrer rationalen, ‚anständigen Nüchternheit' führte. Die heutige Reauratisierung des antiauratischen Designs könnte als Indiz dafür gelten, dass der Entzauberungsprozess ins Stocken geraten ist." (Friedrich 2008, S. 169).

schen Produktion darin, dass Mehrwert allein durch Lohnarbeit geschaffen wird. Genauer gesagt: Mehrwert entsteht aus der Differenz zwischen dem *Preis* der Ware Arbeitskraft und ihrem *Wert*. Der Preis der Ware Arbeitskraft ist der Arbeitslohn, der gezahlt werden muss, damit die Arbeitskraft regeneriert werden kann. Also das Geld, das Arbeitende brauchen, um ihr Existenzminimum zu sichern, und zwar auf dem Niveau, das in einer Gesellschaft jeweils die Norm bildet. Der *Wert* der Ware Arbeitskraft entsteht aber folgendermaßen: In der Zeit, in der die Arbeitskraft im Zusammenspiel mit dem konstanten Kapital (den Maschinen) angewendet wird, erzeugt sie mehr Tauschwert, als in Gestalt des Arbeitslohnes an die Besitzer der Ware Arbeitskraft ausgezahlt werden muss. Nun ist es aber aufgrund der Konkurrenz unter den Kapitaleigentümern unerlässlich, dass der Anteil des variablen Kapitals (also der lebendigen Arbeitskraft) ständig verringert und durch konstantes Kapital (durch Maschinen) ersetzt wird. Der einzelne Kapitaleigentümer freut sich: Er muss weniger Lohn auszahlen und kann immer mehr Waren produzieren. Aber die Sache hat einen Haken. Der Mehrwertanteil pro einzelner Ware wird nämlich genau deshalb immer geringer. Daher muss immer mehr produziert und abgesetzt werden, um die durchschnittliche Mehrwertrate zu erhöhen. Beispielsweise genügt es in der Kosmetik ja längst nicht mehr, jeweils ein Shampoo gegen schuppiges, eines gegen fettiges und eines für „normales" Haar anzubieten. Man muss mindestens drei unterschiedlich spezifizierte Anti-Schuppen-Shampoos für verschiedene, oft skurril beschriebene Haar-Typen im Programm haben; desgleichen mindestens drei gegen fettige Haare verschiedenster Art usw. Obendrauf dann noch mindestens ein Shampoo „für jeden Haartyp". Und man muss die Kunden durch strategisches Werbe-Kommunikationsdesign darauf hinweisen, dass sie sich ohne Anwendung dieser Spezialtinkturen nicht mehr unter die Leute wagen können. – Aufs Ganze gesehen, wird also für immer weniger investiertes Geld (es wird weniger Lohn gezahlt, der Preis der Ware Arbeitskraft fällt) immer mehr produziert. Das bezeichnet man als Überproduktion. Dabei können die Konsumenten im Ganzen weniger Geld ausgeben. Und es entsteht nicht mehr Mehrwert, sondern – jedenfalls aufs Ganze gesehen – tendenziell weniger. Daher spricht man dann von einer Überproduktions*krise*. Denn die ganze Veranstaltung lohnt sich im Prinzip selbst dann nicht, wenn all die Waren, die produziert werden, auch abgesetzt werden könnten. Warum nicht? Weil der Mehrwertanteil pro einzelner (in diesem Fall: verkaufter) Ware schrumpft.

Marx (1894, S. 221–277) nannte diesen Mechanismus den „tendenziellen Fall der Profitrate". Und er gab bereits Mitte des 19. Jahrhunderts ein eindringliches Bild von der destruktiven Paradoxie, die in der systemischen Überproduktionskrise steckt: „Die Gesellschaft findet sich plötzlich in einen Zustand momentaner Barbarei zurückversetzt; eine Hungersnot, ein allgemeiner Vernichtungskrieg scheinen ihr alle Lebensmittel abgeschnitten zu haben: die Industrie, der Handel scheinen vernichtet, und warum? Weil sie zuviel Zivilisation, zuviel Lebensmittel, zuviel Industrie, zuviel Handel besitzt.“ (Marx und Engels 1848, S. 467)

Der Kapitalismus steuert (bis zum heutigen Tag) auf eine Systemkrise zu (siehe Streeck 2015). Die ständige Erweiterung der Produktivkräfte bringt die Beteiligten dem erforderlichen Ziel, der optimalen Verwertung des investierten Kapitals, letztlich doch nicht näher. Dieser Zustand wurde in der Weltwirtschaftskrise der 1920er Jahre unerträglich. Das beförderte in Westeuropa und den USA unterschiedliche sozialreformerische und -revolutionäre Bewegungen. Dazu zählten auch der Faschismus – eine Form der „Oberklassenherrschaft, abgestützt durch künstlich erzeugte Massenbegeisterung“ (Haffner 1999, S. 40) – und der Nationalsozialismus, der den Kapitalismus der Monopole mit weiterentwickelten faschistischen Methoden über Wasser halten sollte. Gestalter, die nach 1933 Deutschland verlassen mussten, standen vor der Wahl: Sie konnten dem Kapitalismus den Rücken kehren und in die Sowjetunion gehen, wie Ernst May, der das Frankfurter Modell des Neuen Bauens geleitet hatte. Oder sie konnten sich in die Höhle des Löwen wagen, wie Ferdinand Kramer.

5 Äußeres und inneres Design

Dass ein Designer häufig als „Spezialist für Formen angesehen“ wird, hängt natürlich mit dem visuell-zeichnerischen Primat des Berufs zusammen. Ist es doch vor allem der ‚visuelle Raum‘, in dem sich „die Benutzer den Produkten“ (Bonsiepe 1996, S. 133) annähern. Die „Musterzeichner“ aus den Zeichen- und Kunstschulen sind die ersten Designer im modernen Sinne. Als „Vater“ des modernen Industriedesigns gilt der Schotte Christopher Dresser (1834–1904). Er lieferte Entwürfe für Firmen, die Glas, Keramik, Möbel, Metall, Textil, Tapeten und Linoleum produzierten. Sein Markenzeichen „Designed by C.D.“ wurde auf die Waren graviert. Design ist aus dieser Perspektive nicht deshalb relevant, weil Entwerfen soziale oder politische Aufgaben hat, sondern weil es zur Inszenierung dient. Inszeniert werden Produkte, Stile und auch ganze Lebensentwürfe.

Dagegen richtete sich die designerische Avantgarde in den Jahrzehnten nach dem Ersten Weltkrieg. Dort kündigt sich bereits die Unterscheidung zwischen „äußerem“ Design (Oberfläche, Ästhetik) und „innerem“ Design (Struktur, Funktion) an. Laut Jan Tschichold, einem der einflussreichsten modernen Grafikdesigner, geht es im Design um „eine Gestaltung der Gesetzmässigkeit des Lebens aus elementaren Verhältnissen“ (Tschichold 1925). Tschicholds frühe Schriften sind vom Geist der Bauhaus-Moderne geprägt. Zur Bauhaus-Gesinnung gehörte ja, dass Designer nicht nur das Sichtbare, die Erscheinungsform, beachten, sondern auch das Unsichtbare, ihre Strukturmerkmale. Tschicholds „neue Typografie“ wollte mit der konventionellen Typografie brechen. Sie suchte „neue Ausdrucksweisen“ und forderte eine ‚experimentelle Arbeitsweise‘. Grafikdesign sollte eine Welt verständlicher machen, die immer komplizierter wird, und den Menschen helfen, ihre täglichen Angelegenheiten zu bewältigen. Es sollte aus bloßen Daten sinnvolle Informationen zu machen, damit aus Informationen kommunikatives, auf Verständigung ausgerichtetes Handeln wird. Grafikdesign wollte Menschen also dabei unterstützen, den Weg aus der Unmündigkeit zu finden. Design, das Menschen zu

G. Schweppenhäuser, *Designtheorie,* essentials,
DOI 10.1007/978-3-658-12660-5_5

freiem, selbstbestimmten Handeln im sozialen Kontext befähigt, wird Bestandteil der Aufklärung im Sinne von Immanuel Kant. Daher forderte Tschichold, alles Unwichtige wegzulassen, keine Ornamente zu verwenden und auf eine „persönliche Note" zu verzichten. Gestaltung sei auf elementare, wesentliche Strukturen zu reduzieren und habe den knappen Ausdruck zu finden. Die Form eines Textes soll aus seiner Funktion hervorgehen, daher griff er auf die Grundform der serifenlosen Schriften zurück. In der Fläche setzte Tschichold auf der Grundlage einer horizontalen und vertikalen Struktur Leeräume als Gestaltungsmittel ein. Das schaffte einerseits Spannung (durch Asymmetrie) und andererseits Gleichgewicht und Betonung (durch Striche, Linien und Kästen).[1]

Otl Aicher, im deutschsprachigen Raum einer der prägenden Designer der Epoche nach dem Zweiten Weltkrieg, sah die ganze *Welt als Entwurf* – so ein Buchtitel aus dem Jahre 1991. Aus Aichers philosophischer Sicht ist der Designer Mitgestalter neuer Welt- und Menschenbilder. Eine neue Kultur sollte – nach dem Nationalsozialismus und gegen den Totalitarismus – Freiheit, Demokratie und Humanität im Alltag verwirklichen. Über diese Problematik hat Aicher anhand des philosophischen Begriffs der Erscheinung nachgedacht.

„Erscheinung" kann demnach Gestalt und Präsentationsform der Sache, ihres Charakters, das heißt ihres Wesens, oder kurz: des Inhalts sein. Das ist im ganz im Sinne von Hegel gedacht. Der hatte das Interesse an der ästhetischen Erscheinung gegen den Vorwurf der Oberflächlichkeit verteidigt. Denn Sein und Wesen hängen zusammen: „der *Schein* selbst ist dem *Wesen* wesentlich, die Wahrheit wäre nicht, wenn sie nicht schiene und erschiene" (Hegel 1842, S. 21.)

„Erscheinung" kann aber auch in Mode und Werbung als gestalterische Zeichengebung akzentuiert werden, die lediglich das Ziel hat, aufzufallen und Beachtung zu finden. Wird dieser Aspekt nicht mehr auf den erstgenannten (den des *wesentlichen* Scheins) zurückbezogen, dann wird es heikel. Denn nun verselbständigt sich die „Gestalt als Zeichen" gegen die „Gestalt als Sache" (Aicher 1991, S. 1). Die Welt ist heute, meinte er, eine „Welt der Perspektiven und Ansichten, der Oberflächen und der Fassaden, des Auftretens und der Show" geworden: Das „Welttheater wird zur Theaterwelt." (Ebd.)

Aicher legte dies insbesondere dem „additiven Design" zur Last. Dabei entwickeln Unternehmen Produkte oder Serviceleistung und lassen anschließend Gestalter oder Grafiker hinzukommen, „um die Sache zu verschönern" (S. 155). Neuerdings legen sich auch ganze Unternehmen „ein neues Gewand zu", z. B. einen

[1] 1933 emigrierte Tschichold in die Schweiz. In den folgenden Jahren distanzierte er sich von der „neuen Typografie" und arbeitete eher „klassisch" an der Vervollkommnung überlieferter Antiqua-Schriften und am äußeren Erscheinungsbild von Büchern.

„Mantel der Kultur“, wie Aicher dies nannte. Etwa wenn ein Autohersteller oder eine Bank Symphonieorchester oder Gemäldegalerien betreiben. Das hat heute nicht nur in der Hochkultur Konjunktur, sondern auch in der Populärkultur: Man denke beispielsweise an kulturindustriell verwertete Fußballspiele in „Allianzarenen“ oder „Signal Iduna Parks“. Doch der „Mantel der Kultur“ ist zwar „attraktiv nach außen“, aber „nach innen deckt er zu“ (ebd.). „Oberflächendesign“ und „kosmetische Verschönerung“ darf nicht alles sein. Das Design muss in das Produkt eingehen, forderte Aicher: „Gebrauch und Ästhetik sind neben der Technik und dem Nutzen von Anfang an Entwicklungskriterien. Konstrukteur, Designer und Kaufmann sitzen an einem Tisch.“ (Ebd.)

Gui Bonsiepe, Designtheoretiker an der Hochschule für Gestaltung in Ulm, später in Lateinamerika und an der Fachhochschule Köln tätig, hat beobachtet, dass der Designer zunehmend „als Kulturbeauftragter der industriellen Produktion“ angesehen wird (Bonsiepe 1996, S. 133). Das wird ihm zufolge dann problematisch, wenn „Design als ein Verfahren betrachtet“ wird, um „den Produkten der industriellen Zivilisation“ im Nachhinein „einen Hauch von visueller Qualität zu verleihen“ (ebd.).

Der Philosoph Wolfgang Fritz Haug (1971, S. 175) hat diese Überlegung mit einem provokanten Bild gleichsam auf die Spitze getrieben: „In kapitalistischer Umwelt kommt dem Design eine Funktion zu, die sich mit der Funktion des Roten Kreuzes im Krieg vergleichen läßt. Es pflegt […] Wunden, die der Kapitalismus schlägt […] und verlängert so, indem es an einigen Stellen verschönernd wirkt und die Moral hochhält, den Kapitalismus wie das Rote Kreuz den Krieg. Das Design hält so durch eine besondere Gestaltung die allgemeine Verunstaltung aufrecht. Es ist zuständig für Fragen der Aufmachung, der Umwelt-Aufmachung.“

Es dürfte kaum Designer geben, die das gern auf sich sitzen lassen würden. Nicht wenige haben die Flucht nach vorn angetreten und sich das moralische Anliegen zu eigen gemacht, die Welt durch Design zu retten. Hajo Eickloff und Jan Teunen (2006, S. 38) beispielsweise plädieren in ihrem Buch *Form:Ethik. Ein Brevier für Gestalter* für gemeinsame Werte für alle, d. h. herstellende Unternehmen, Konsumenten und werbetreibenden Gestalter: „Eine Ethik für Gestalter muss eine Weltethik sein, durch die sich alle Menschen als Teil einer Menschheit begreifen und miteinander kooperieren und zugleich ihr Verhalten gegenüber der Natur und zukünftigen Generationen bedenken. Mit dem Respekt vor der Natur muss das Ganze, müssen Kosmos, Natur und Kultur in den Blick genommen werden.“ Angesichts solcher globalen Appelle fragt man sich allerdings: Haben sie’s nicht ein bisschen kleiner?

Stellvertretendes Design 6

Design und Designausbildung sind heute gegensätzlichen Herausforderungen ausgesetzt. Auf der einen Seite steht die herstellende und vertreibende Industrie mit ihren politischen Lobbies. Auf der anderen Seite stehen kulturelle und soziale Bedürfnisse und Möglichkeiten der Menschen. In ihrem instruktiven Buch über Stationen und Methoden der Designausbildung in Deutschland plädieren Kai Buchholz und Justus Theinert dafür, dass praktisch-kritische Vernunft die Ziele in der Designausbildung vorgeben sollte, nicht Industrie und Handel. Denn sowohl beim Entwerfen als auch beim Philosophieren gehe es am Ende immer um dasselbe, nämlich „um gelungenes Leben" (Buchholz und Theinert 2007, S. 280).

Das sehe ich auch so; doch ich würde hier die grammatische Form des Partizip I vorziehen. Im ethischen Zusammenhang kommt es weniger auf den Rückblick an als vielmehr auf Gegenwart und mögliche Zukunft. Daher spreche ich nicht vom gelungenen, sondern vom „gelingenden" Leben. Gelingendes Leben ist selbstbestimmtes Handeln mit anderen in Freiheit. Dafür ist, so der Philosoph Martin Seel (1994), eine Reihe von elementaren Faktoren unerlässlich. Da ist zunächst der Raum zur Selbstverwirklichung durch das Erreichen vernünftig begründbarer Ziele. Dazu gehören weiterhin gelingende Kommunikation und Interaktion, sinnvolle und nicht fremdbestimmte Arbeit sowie Freiräume zum Spielen. Und, nicht zuletzt, Denk-Räume für zweckfreie Betrachtung, also für Kontemplation. Das sind keine hinreichenden, aber allemal *notwendige* Bedingungen für ein gelingendes Leben.

Als Gegenbegriff zum gelingenden Leben würde ich vom „funktionierenden" Leben sprechen. Ob wir als Einzelne unser Leben als gelingend empfinden, spielt im Blick auf das gesellschaftliche Ganze bislang keine primäre Rolle. Wir kommen insoweit in Betracht, wie wir funktionieren: als Werktätige, als Familienmitglieder und als Teile einer Kommunikations- und Arbeitsgemeinschaft. Doch ist diese Gemeinschaft überhaupt eine? Sie besteht ja in der Summe aus Konkurrenten, die ständig gegeneinander antreten müssen. Das „Gelingen" des Ganzen ist ein an-

G. Schweppenhäuser, *Designtheorie*, essentials,
DOI 10.1007/978-3-658-12660-5_6

deres „Gelingen“ als das erwünschte unseres Leben. Es besteht im Funktionieren eines Systems, in dem wiederum auch die Subsysteme funktionieren. Zwischen dem funktionalen Gelingen der Totalität, von der jeder abhängig ist, und dem Gelingen des eigenen Lebens herrscht für den einzelnen Menschen eine Diskrepanz.

Der Philosoph Adorno (1951, S. 42), Freund des Architekten und Designers Kramer, hat im nordamerikanischen Exil unter anderem auch darüber nachgedacht, ob es gegenwärtig überhaupt noch die „Möglichkeit des Wohnens“ gibt. Adorno hat nicht in Hotels gelebt wie sein Zeitgenosse, der existenzialistische Philosoph Jean Paul Sartre, der mit der Vorstellung des Privatlebens radikal brechen wollte. Aber er hat seine Privatsphäre auch nicht repräsentativ oder lifestylish inszeniert. Seine Altbauwohnung im Frankfurter Westend war ästhetisch sparsam, sachlich und schmucklos eingerichtet. Die einzige Ausnahme: ein häufig bespielter Flügel, der sich inmitten der asketisch kargen Wohnlandschaft wie eine Skulptur ausnahm, wie ein Sinnbild der Welt musikalischer Erfahrung, der Adorno als Musikphilosoph und Komponist verpflichtet war.

Seiner Ansicht nach gibt es heute aber kein unbeschädigtes Privatleben mehr. Die Sozialutopien der gestalterischen Avantgarden in Ost und West scheiterten, von heute aus betrachtet, aus zwei Gründen: Der „Kasernensozialismus“ (Kurz 1991) des Ostens hatte die Einheit von Leben und Arbeit als gigantisches Arbeitslager verwirklicht. Im Westen war die Geschäftsgrundlage der kapitalistischen Gesellschaft, das Privateigentum an den Produktionsmitteln, nie ernsthaft angetastet worden. Daher, so Adorno, seien dort letztlich auch die Versuche gescheitert, das Alltagsleben zu reformieren.

Ein ästhetisch gestaltetes Leben war für Adorno, wenn überhaupt, nur in einer befreiten Gesellschaft denkbar. Weil die soziale Revolution versäumt worden sei, könne man eigentlich „überhaupt nicht mehr wohnen“; die nationalsozialistischen „Arbeits- und Konzentrationslager“ und die „Zerstörungen der europäischen Städte“ durch Bombardements beförderten auf grauenvolle Weise die Tendenz zur technisch-wissenschaftlichen Effizienz-Optimierung der kapitalistischen Warenproduktion (Adorno 1951, S. 42). Für die Menschen in den entwickelten Industriestaaten ergebe sich daraus eine verzwickte Lage. Falsch sei es, sich an das Privateigentum zu klammern und sein Leben nach ästhetischen Kriterien zu gestalten. Aber falsch sei es auch, gleichgültig in Fragen der ästhetischen Lebensgestaltung zu sein. Es bleibe nichts anderes übrig, als sein Privatleben zu „führen, solange die Gesellschaftsordnung und die eigenen Bedürfnisse es nicht anders dulden“, man solle es aber es nicht so „belasten, als wäre es noch […] gesellschaftlich substantiell und individuell angemessen“ (S. 43).

Adorno hat als Schlussfolgerung aus dieser Antinomie des Wohnens den berühmten Satz formuliert: „Es gibt kein richtiges Leben im falschen.“ (Ebd.) Was soll das bedeuten? Dazu müssen wir etwas weiter ausholen und den ethischen Zusammenhang erläutern, in den der Satz alsbald, und zu Recht, gestellt worden ist.

Als Adorno nach seiner Rückkehr aus der Emigration in Frankfurt eine Vorlesung über „Probleme der Moralphilosophie" hielt, merkte er an, dass sich die Studierenden vermutlich wundern, wenn der Autor des ominösen Satzes „Es gibt kein richtiges Leben im falschen" ein ganzes Semester lang ethische Fragen behandelt. Wozu die Mühe, wenn's doch nicht gelingen kann? Am Ende der Vorlesung verkündete Adorno, er habe zwar keine ethische Lebenshilfe anzubieten, aber er könne sein eigenes Modell vorstellen. Wie soll der Einzelne heute noch glücklich und zugleich verantwortungsbewusst leben? Wenn das Leben im Ganzen ungerecht eingerichtet ist, gibt es auch kein moralisch gerechtfertigtes Leben für einzelne. Denn die meisten haben ja gar keine Chance, ihr Leben gelingen zu lassen. Aber daraus folgt nicht, dass moralische Normen nicht wichtig wären. Adorno empfahl, „in den engsten Beziehungen der Menschen so etwas wie Modelle eines richtigen Lebens zu erstellen" (Adorno 1956/1957, zit. nach Schweppenhäuser 2016, S. 208). Er schlug vor, man sollte ein „stellvertretendes Leben" führen (ebd). Was sollte das heißen? Vor allem dies: Im eigenen Leben eine Freiheit antizipieren, die es so noch gar nicht gibt. Soweit wie möglich so miteinander umgehen, „wie man […] sich vorstellen könnte, daß das Leben von befreiten, friedlichen und miteinander solidarischen Menschen beschaffen sein müßte" (ebd.).

Das „stellvertretende Leben" ist also kein „gelingendes", sondern ein prekäres Leben voller Widersprüche. Es ist „zum Scheitern und zum Widerspruch verurteilt, aber es bleibt nichts anderes übrig, als diesen Widerspruch bis zum bitteren Ende durchzumachen. Die wichtigste Form, die das heute hat, ist der Widerstand." (Ebd., S. 220) Er ist die Voraussetzung dafür, „humane Zellen im inhumanen Allgemeinen zu bilden". So hat Adorno (1951, S. 33) in seinem Hauptwerk, der Aphorismensammlung *Minima Moralia,* das ‚Modell eines richtigen Lebens' umschrieben.

Zurück in die Gegenwart. – Ich stimme dem Philosophen und Designwissenschaftler Kai Buchholz zu, wenn er feststellt, „dass sich die wesentliche kulturelle Aufgabe des Designs seit 1850 nicht geändert hat. Nach wie vor geht es darum, unter den Bedingungen der technischen Zivilisation eine humane Lebenswelt zu gestalten." (Buchholz 2012, S. 205) Und dafür, so lautet meine These, brauchen wir heute ein *stellvertretendes Design.*

So etwas gibt es auch schon in einzelnen Ansätzen. Design, sagt zum Beispiel der Sozialpsychologe Harald Welzer (2012a), sollte heute nicht mehr die „Formensprache der Konsumwirtschaft" sein. Dagegen empfiehlt er „Transformationsdesign". Das erinnert auf den ersten Blick an die Lesart von Beat Schneider (2005, S. 196), der den Transformationsakt als wesentliches Merkmal des Entwerfens überhaupt versteht: „Design ist Transformation. Design verhilft Gegenständen und Bildern zu nachhaltiger Wirkung auf die RezipientInnen.“ Doch das ist für Welzer nicht der springende Punkt. Es geht ihm um eine Umformung in einem speziellen ökologischen Sinne: weniger von allem herstellen, sich bei der Produktion und beim Konsum beschränken, Rohstoffe und Produkte in eine vernünftige, also ökologisch vertretbare und sozial gerechte Relation bringen. Das ist ähnlich gedacht wie Latours antimodernistisches credo, es sei heute für das Weiterleben der Menschheit wichtig, von „Design zu sprechen und nicht von Konstruktion, Schöpfung oder Herstellung“ (Latour 2009, S. 369). „Transformationsdesign“ knüpft also an den Nachhaltigkeits-Diskurs an. Welzer (2012a, S. 11) sieht die Aufgabe des Designs darin, nicht mehr „unablässig zusätzliche Dinge in die Welt zu bringen, die man nicht braucht, sondern die, die man nicht braucht, aus der Welt zu schaffen“. Aber dabei geht es nicht bloß um Recycling, sondern schon auch um Innovation. Welzer (2012b) möchte „konkrete Wege für veränderte Mobilitätsformen, Wirtschaftsformen, Ernährung, Konsum […] untersuchen“. Designer sollten „nicht eine coole Flasche für ein Mineralwasser aus Fidschi […] entwerfen, sondern den Hinweis auf den nächsten Wasserhahn.“ (Welzer 2012a, S. 11). Der funktionalistische Gedanke *less is more* kehrt in ökologischen Krisenzeiten zurück: „Die reduktive Moderne“ erfordert demnach heute „ein transformatives Design“, das sich „nicht auf das Auffüllen, sondern auf das Wiederentleeren der Welt richten“ soll (Sommer u. Welzer 2014, S. 140). Und dazu würde auch „eine De-Ökonomisierung des öffentlichen Raums“ (141) gehören.

Bazon Brock (2008, S. 278) argumentiert mit Blick auf den Zusammenhang von Kreation und Destruktion als Motor der produktivistischen Betriebsamkeit unserer Zeit: „Es ist den Dingen anzusehen, daß ihr Gebrauch zur Zerstörung führen wird; alles ist gemacht, damit es verbraucht werde, denn erst im Vergehen zeigt das Ding seinen Wert an.“ Spätestens, wenn aus dem „Verenden der Dinge im Müll“ (ebd.) dann wiederum Neues entsteht, wird erkennbar: Dem Produktdesign ist objektiv die Intention eingeschrieben, Umwandlungs-Gestalten auf dem Stoffwechselweg zur Müllkippe zu erschaffen. Alles dreht sich darum, dass der warenförmige Metabolismus aufrechterhalten bleibt. Mit Brocks Worten: „Die Industrie berücksichtigt beim Entwurf der neuen Produkte bereits deren Bestimmung zum Recycling.“ (S. 244)

Stellvertretendes Design hat die Paradoxie von Produktivismus und Konsumismus der Moderne zu reflektieren – man könnte auch sagen, ihr Wachstumsparadox. Aber es darf deshalb nicht hinter die Errungenschaften der Moderne zurückfallen. Das Konzept „Emanzipation“ ist nicht durch die Konzepte „Bindung, Zuwendung, Verwicklung, Abhängigkeit und Fürsorge“ zu ersetzen, wie Latour (2009, S. 357) nahelegt, sondern dadurch zu ergänzen. Stellvertretendes Design muss auch stellvertretend für das Interesse an einem freien, vernunftbestimmten und ästhetisch erfüllten Leben stehen. Es muss also auch das bis heute uneingelöste Versprechen der Designmoderne repräsentieren. Der Gedanke der Innovation, der von der Postmoderne als gewalttätig und totalitär denunziert wurde, ist zu rehabilitieren. Denn eine wahrhafte Neugestaltung unserer Lebensverhältnisse, die sich primär und substanziell an den vitalen Bedürfnissen der Menschen orientiert, steht nach wie vor aus.

Wenn ich die Maximen des „stellvertretenden Designs" in allgemeiner Form zu formulieren hätte, würden sie wie folgt lauten. Man sollte

… so entwerfen, als ob Verwertungszwänge sowie Markt- und Image-Tauglichkeit des Produkts nicht das Primäre wären, sondern der (womöglich) lebenslange Gebrauchswert für die Nutzer.

… so entwerfen, als ob der Individualkonsum nicht der entscheidende wirtschaftliche Faktor wäre, sondern eine tendenziell kollektive Aneignung (also Produkte gestalten, die in verschiedenen Kontexten und für verschiedene Benutzer sinnvoll und erfreulich wirksam werden können).

… so entwerfen, als ob der Imperativ, Aufmerksamkeit zu erregen und wahrgenommen zu werden, nicht die alleinige Existenzberechtigung für Beiträge zur öffentlichen Kommunikation wäre.

… so entwerfen, als ob die Beziehungen der Menschen nicht bis ins Innerste von der Warenform und vom Tauschverhältnis modelliert wären.

… so entwerfen, als ob das Ziel jeder Kommunikation die Orientierung auf einvernehmliche Verständigung und solidarisches Handeln wäre (und nicht die strategische Bearbeitung von „Zielgruppen" in „Kampagnen").

… so entwerfen, als ob jeder Mensch niemals nur Mittel für die Ziele der Gestalter und seiner Auftraggeber wäre, sondern jederzeit zugleich Zweck an sich selbst.

Design will und soll Gebrauchswerte maximieren. Die Welt kann durch den Entwurf von Dingen, Beziehungen und Lebensformen nutzerfreundlicher werden: bequemer, praktischer, besser und schöner. Im sozioökonomischen Rahmen, in dem Design entstanden ist und bis heute steht, scheint das bis auf weiteres aber nur möglich zu sein, indem Design den Tauschwert von Dingen und Menschen maximiert. Es inszeniert den Warencharakter der Dinge des Lebens, der Beziehungen und der Lebensformen – vom Gebrauchsgegenstand in Arbeit und Freizeit über Transportmittel und Medienträger bis hin zu Formen und Inhalten der Kommunikation in sozialen Netzwerken. Häufig gelingt es jedoch nicht, Gebrauchswert über Tauschwertmaximierung zu vergrößern; der Tauschwert wird zum Selbstzweck. Als uneingelöstes Versprechen gemahnt die konkrete Utopie des Designs der Moderne an ihre mögliche Verwirklichung. Wir sollten sie nicht vorschnell entsorgen. Einstweilen sollte „stellvertretendes Design" den Vorschein einer Lebensform entwerfen, in der Menschen, Natur und Objektwelt vernünftig, selbstbestimmt, solidarisch und ästhetisch existieren könnten – also in größtmöglicher Freiheit.

Was Sie aus diesem Essential mitnehmen können

- Design ist ein komplexes Konzept des modernen Industriezeitalters im soziokulturellen Geflecht von Künsten und Handwerk, Architektur, Industrie, Technik und Naturwissenschaft sowie Soziologie und Philosophie.
- Design ist immer auch mehr als „bloß Design"; Entwerfer werden Gestalter, wenn sie nach dem humanen und sozialen Zweck des Produkts fragen – nicht nur nach Form, Funktionsweise, Herstellungskosten und Vermarktung.
- Design will Gebrauchswert maximieren; als Inszenierung des Warencharakter maximiert es Tauschwert.
- Design gehört zum Freiheits- und Selbstbestimmungsversprechen der Moderne; dessen Verwirklichung stet noch aus.

G. Schweppenhäuser, *Designtheorie,* essentials,
DOI 10.1007/978-3-658-12660-5

Literatur

Adorno 1951: Theodor W. Adorno, *Minima Moralia.* Reflexionen aus dem beschädigten Leben, in: Ders., *Gesammelte Schriften,* Bd. 4, Frankfurt/M. 1980

Adorno 1956/57: Theodor W. Adorno, *Probleme der Moralphilosophie.* Vorlesung an der Johann-Wolfgang-Goethe-Universität Frankfurt am Main, Wintersemester 1956/57. Typoskript (nach der stenografischen Mitschrift von Margarethe Adorno) im Theodor W. Adorno Archiv der Stadt Frankfurt am Main, Vorlesung vom 29. 11. 1956, zitiert nach: G. Schweppenhäuser, *Ethik nach Auschwitz. Adornos negative Moralphilosophie*, Wiesbaden 2015

Adorno 1965: Theodor W. Adorno, „Funktionalismus heute", in: Ders., Gesammelte Schriften Bd. 10.2., Frankfurt/Main 1977, S. 375–395

Aicher 1989: Otl Aicher, „visuelle kommunikation. versuch einer abgrenzung", in: Anton Stankonwski u. Karl Duschek, Visuelle Kommunikation. Ein Design-Handbuch, Berlin, S. 8–10

Aicher 1991: Otl Aicher, *die welt als entwurf*, Berlin 1991

Anders 1956: Günther Anders, *Die Antiquiertheit des Menschen. Erster Band: Über die Seele im Zeitalter der zweiten industriellen Revolution*, München 1985

Aristoteles: *Nikomachische Ethik*, in: ders., Philosophische Schriften in sechs Bänden, übers. v. E. Rolfes, Bd. 3, Hamburg 1995

Aristoteles: *Metaphysik*, a. a. O., Bd. 5, Hamburg 1995

Aristoteles: *Physik*, a. a. O., Bd. 6, Hamburg 1995

Arnheim 1972: Rudolf Arnheim, *Anschauliches Denken. Zur Einheit von Bild und Begriff*, Köln 1996

Benjamin 1935: Walter Benjamin, „Paris, die Hauptstadt des IX. Jahrhunderts", in: Ders., *Das Passagen-Werk*, Gesammelte Schriften Bd. V.1, hg. v. R. Tiedemann, Frankfurt/M. 1982, S. 45–59

Bloch 1923: Ernst Bloch, *Geist der Utopie. Zweite Fassung*, in: Ernst Bloch, Gesamtausgabe Bd. 3, Frankfurt/M. 1977

Bonsiepe 1996: Gui Bonsiepe, *Interface. Design neu begreifen*, Mannheim

Brandes 2009 et al.: Uta Brandes, Michael Erlhoff, Nadine Schemman, Designtheorie und Designforschung, Paderborn 2009

Brock 1977: *Ästhetik als Vermittlung. Arbeitsbiographie eines Generalisten*, hg. v. K. Fohrbeck, Köln

Brock 2008: *Lustmarsch durch das Theoriegelände – Musealisiert Euch*, Köln

G. Schweppenhäuser, *Designtheorie,* essentials,
DOI 10.1007/978-3-658-12660-5

Buchholz u. Theinert 2007: Kai Buchholz u. Justus Theinert unter Mitarbeit von Silke Ihden-Rothkirch, *Designlehren. Wege deutscher Gestaltungsausbildung*, Stuttgart

Buchholz 2012: Kai Buchholz: „Design", in: *Handbuch Kulturphilosophie*, hrsg. v. Ralf Konersmann, Stuttgart; Weimar, S. 200–206

Burckhardt 1995: Lucius Burckhardt, *Design = unsichtbar*, hg. v. H. Höger, Ostfildern

Bürdek 2002: „Gestaltung neu denken. Bernhard von Mutius im Gespräch mit Bernhard E. Bürdek", in: *form* Nr. 184, Juli/August 2002, S. 83–90

Bürklin 2003: Thorsten Bürklin, „Das Mehr innervieren. Über Funktion und Raumgefühl bei Adorno", in: *Werkbund Hessen Zeitung*, Ausgabe 01/02–2003, S. 8–14

Burioni o. J.: *Giorgio Vasari, Einführung in die Künste der Architektur, Bildhauerei und Malerei. Die künstlerischen Techniken der Renaissance als Medien des disegno*, hg. v. Matteo Burioni, Berlin o. J.

Demand 2010: Christian Demand, „Haltung! Wie viel Ethos braucht Design?", in: *Kunst und Philosophie. Ästhetische Werte und Design*, hg. v. J. Nida-Rümelin u. J. Steinbrenner, Ostfildern, S. 31–52

Eickloff u. Teunen 2006: Hajo Eickloff u. Jan Teunen, *Form:Ethik. Ein Brevier für Gestalter*, Ludwigsburg

Eisele 2014: Petra Eisele, *Klassiker des Produktdesign*, Stuttgart

Friedrich 2008: Thomas Friedrich, „Gebrauch", in: *Wörterbuch Design*, hg. v. M. Erlhoff u. T. Marshall, Basel, Boston, Berlin, S. 167–170

Gadamer 1960: Hans-Georg Gadamer, *Wahrheit und Methode. Grundzüge einer philosophischen Hermeneutik*, Tübingen 2010

Goodman 1968: Nelson Goodman, *Sprachen der Kunst. Entwurf einer Symboltheorie*, Frankfurt/M. 1995

Goodman 1978: Nelson Goodman, *Weisen der Welterzeugung*, Frankfurt/M. 1984

Gropius 1926: „Bauhaus Dessau – Grundsätze der Bauhausproduktion", in: *Theorien der Gestaltung*, hg. v. V. Fischer u. A. Hamilton, Frankfurt/M. 1999, S. 167–169

Haffner 1999: Sebastian Haffner, *Anmerkungen zu Hitler*, Frankfurt/M. [http://218.92.44.21:8088/book/book76/2009893770095.pdf (27.10.2015)]

Haug 1971: Wolfgang Fritz Haug, *Kritik der Warenästhetik*, Frankfurt/M.

Haug 2009: Wolfgang Fritz Haug, *Kritik der Warenästhetik. Gefolgt von Warenästhetik im High-Tech-Kapitalismus*, Frankfurt/M.

Hegel 1842: Georg Wilhelm Friedrich Hegel, *Vorlesungen über die Ästhetik*, in: ders., Werke in 20 Bd., red. E. Moldenhauer u. K. M. Michel, Bd. 13, Frankf./M. 1970

Heidegger 1927: Martin Heidegger, *Sein und Zeit*, Tübingen 1984

Hirdina 2001: Heinz Hirdina: „Design", in: *Ästhetische Grundbegriffe. Historisches Wörterbuch in sieben Bänden*, hg. v. K. Barck u. a., Bd. 2, Stuttgart u. Weimar, S. 41–63

Kant 1787: Immanuel Kant, *Kritik der reinen Vernunft*, Hamburg 1976

Kemp 1974: Wolfgang Kemp, „Disegno. Beiträge zur Geschichte des Begriffs zwischen 1547 und 1607", in: *Marburger Jahrbuch für Kunstwissenschaft*, 19. Bd., S. 219–240.

Klee 1921/22: Paul Klee, „Der Begriff der Gestaltung", zit. nach Hirdina 2001

Kramer 1986: Ferdinand Kramer, „In Amerika", in: *Mate-Realien 1, Hefte zur Gestaltung*, hg. v. U. Fischer u. K.-A. Heinze, Frankfurt/M. 1986, zitiert nach Kramer 1991

Kramer 1991: Lore Kramer: „Die ‚amerikanischen' Kramermöbel. Kontinuität und neue Perspektiven im Exil", in: *Ferdinand Kramer. Der Charme des Systematischen*, hg. v. C. Lichtenstein, Gießen, S. 60–69

Kurz 1991: Robert Kurz, *Der Kollaps der Modernisierung. Vom Zusammenbruch des Kasernensozialismus zur Krise der Weltökonomie*, Frankfurt/M.

Latour 2009: Bruno Latour: „Ein vorsichtiger Prometheus? Einige Schritte hin zu einer Philosophie des Designs, unter besonderer Berücksichtigung von Peter Sloterdijk“, in: Die Vermessung des Ungeheuren. Philosophie nach Peter Sloterdijk, hg. v. K. Hemelsoet, M. Jongen u. S. v. Tuinen, Paderborn, München, S 356–373

Lichtenstein 1991: Claude Lichtenstein, „‚Department Stores‘. Ferdinand Kramers Vorschläge für amerikanische Warenhäuser, 1945–47“, in: *Ferdinand Kramer. Der Charme des Systematischen. Architektur, Einrichtung, Design,* hg. v. C. Lichtenstein, Gießen, S. 74–81

Maier 2006: Cordula Meier (Hg.), *Designtheorie. Beiträge zu einer Disziplin*, Frankfurt/M.

Mareis 2011: Claudia Mareis, *Design als Wissenskultur: Interferenzen zwischen Design- und Wissensdiskursen seit 1960*, Bielefeld

Marx 1844: Karl Marx, *Ökonomisch-philosophische Manuskripte*, in: Marx-Engels-Werke, Ergänzungsbd. 1, Berlin 1981, S. 465–588

Marx/Engels 1848: Karl Marx u. Friedrich Engels: *Manifest der kommunistischen Partei*, in: Marx-Engels-Werke, Bd. 4, Berlin 1983, S. 459–493

Marx 1894: Karl Marx, *Das Kapital. Kritik der politischen Ökonomie*, Dritter Band, Frankfurt/M. 1968

Mitchell 1992: C. Thomas Mitchell, *Redefining Designing. From Form to Experience*, Hoboken

Moles 1989: Abraham Moles, „Das Grafik-Design konstruiert die Lesbarkeit der Welt, in: A. Stankonwski u. K. Duschek, *Visuelle Kommunikation. Ein Design-Handbuch*, Berlin, S. 11–18

Morris 1877: William Morris, „Die geringeren Künste“ („The lesser Arts. Delivered Before the Trades Guild of Learning“, December 4, 1877), in: Ders., *Kunst und die Schönheit der Erde. Vier Vorträge über Ästhetik*, übers. v. J. Pätzold, Berlin 1986, S. 7–43

Morris 1879: William Morris, „Die Kunst des Volkes“ („The Art of the People. Delivered Before the Birmingham Society of Arts and School of Design“, February 19, 1879), in: Ders., *Kunst und die Schönheit der Erde. Vier Vorträge über Ästhetik*, übers. v. J. Pätzold, Berlin 1986, S. 45–77

Seel 1994: Martin Seel, „Glück“, in: *Ethik. Ein Grundkurs*, hg. v. H. Hastedt u. E. Martens, Reinbek, S. 145–163

Selle 1994: Gert Selle, *Geschichte des Design in Deutschland,* Frankfurt/New York

Selle 2007: Gert Selle, *Design im Alltag. Vom Thonetstuhl zum Mikrochip,* Frankfurt/New York

Sommer u. Welzer 2014: Bernd Sommer u. Harald Welzer, *Transformationsdesign. Wege in eine zukunftsfähige Moderne,* München

Steinbrenner 2010: Jakob Steinbrenner, „Wann ist Design? Design zwischen Funktion und Kunst“, in: *Kunst und Philosophie. Ästhetische Werte und Design*, hg. v. J. Nida-Rümelin u. J. Steinbrenner, Ostfildern, S. 11–29

Steinert 1998: Heinz Steinert (Hg.), *Zur Kritik der empirischen Sozialforschung. Ein Methodengrundkurs*, Frankfurt/M.

Streeck 2015: Wolfgang Streeck, „Wie wird der Kapitalismus enden? Teil II. Analysen und Alternativen“, in: *Blätter für deutsche und Internationale Politik*, 4/2015, S. 109–120

Schiller 1801: Schiller, Friedrich, *Ueber die ästhetische Erziehung des Menschen, in einer Reihe von Briefen*, in: Ders., Werke in drei Bänden, hg. v. H. G. Göpfert, Bd. II, München 1966, S. 445–520

Schnädelbach 1977: Herbert Schnädelbach, *Reflexion und Diskurs. Fragen einer Logik der Philosophie*, Frankfurt/M.

Schnädelbach 2003: Herbert Schnädelbach, „Kultur", in: *Philosophie. Ein Grundkurs,* hg. v. E. Martens u. H. Schnädelbach, Bd. 2, Reinbek b. Hamburg, S. 508–548

Schneider 2005: Beat Schneider, *Design – Eine Einführung. Entwurf im sozialen, kulturellen und wirtschaftlichen Kontext*, Basel, Boston, Berlin

Schweppenhäuser 2016: Gerhard Schweppenhäuser, *Ethik nach Auschwitz. Adornos negative Moralphilosophie*, Wiesbaden.

Tschichold 1925: Jan Tschichold, *Die neue Gestaltung*, zit. nach Hirdina 2001

Vasari 1550: Giorgio Vasari, *Lebensläufe der berühmtesten Maler, Bildhauer und Architekten*, übers. v. T. Fein, Zürich 1974

Vorländer 1903: Karl Vorländer, *Philosophie des Altertums. Geschichte der Philosophie I*, Reinbek bei Hamburg 1979

Welzer 2012 a: Interview mit Harald Welzer in *Süddeutsche Zeitung Magazin*, 28. 09. 2012

Welzer 2012 b: http://www.shz.de/nachrichten/lokales/flensburger-tageblatt/artikeldetails/artikel/die-soziale-seite-des-klimawandels.html (28. 09. 2012)

Wimmer 2013: Mario Wimmer, „Dispositiv", in: *Über die Praxis des kulturwissenschaftlichen Arbeitens. Ein* Handwörterbuch, hg. v. *U. Frietsch* u. J. Rogge (Hg.), *Bielefeld* 2013, S. 123 ff. (zitiert nach http://www.wiss.ethz.ch/uploads/tx_jhpublications/wimmer_dispositiv_preprint_01.pdf [08. 05. 2015])